图说 高效养猪

周元军 编著

机械工业出版社
CHINA MACHINE PRESS

本书由著名养猪与猪病防治专家、临沂大学教授周元军编著。作者根据自己三十多年的教学、科研和养猪实践经验，采取图片加文字说明的编写方式，依据猪场的生产流程，对猪场良好的设施、猪的优良品种、精确的营养、先进的经营管理、科学的保健和疾病防治技术等最关键的技术要点，进行了较详细而直观的介绍。全书文字简练，图文并茂，通俗易懂，科学实用，是广大农村、城镇养猪者的必备参考书，也可供农业院校师生和基层畜牧兽医工作者参考。

图书在版编目（CIP）数据

图说高效养猪/周元军编著. —北京：机械工业出版社，2016.9
（高效养殖致富直通车）
ISBN 978-7-111-54600-9

Ⅰ.①图… Ⅱ.①周… Ⅲ.①养猪学-图解 Ⅳ.①S828-64

中国版本图书馆 CIP 数据核字（2016）第 195486 号

机械工业出版社（北京市百万庄大街 22 号 邮政编码 100037）
总 策 划：李俊玲 张敬柱
策划编辑：郎 峰 责任编辑：郎 峰 周晓伟
责任校对：王 欣 责任印制：李 洋
北京新华印刷有限公司印刷
2016 年 10 月第 1 版第 1 次印刷
140mm×203mm · 7.125 印张 · 200 千字
0001—4000 册
标准书号：ISBN 978-7-111-54600-9
定价：39.80元

凡购本书，如有缺页、倒页、脱页，由本社发行部调换

电话服务	网络服务
服务咨询热线：010-88361066	机 工 官 网：www.cmpbook.com
读者购书热线：010-68326294	机 工 官 博：weibo.com/cmp1952
010-88379203	金 书 网：www.golden-book.com
封面无防伪标均为盗版	教育服务网：www.cmpedu.com

高效养殖致富直通车
编审委员会

序

改革开放以来，我国养殖业发展非常迅速，肉、蛋、奶、鱼等产品产量稳步增加，在提高人民生活水平方面发挥着越来越重要的作用。同时，从事各种养殖业也已成为农民脱贫致富的重要途径。近年来，我国经济的快速发展为养殖业提出了新要求，以市场为导向，从传统的养殖生产经营模式向现代高科技生产经营模式转变，安全、健康、优质、高效和环保已成为养殖业发展的既定方向。

针对我国养殖业发展的迫切需要，机械工业出版社坚持高起点、高质量、高标准的原则，组织全国20多家科研院所的理论水平高、实践经验丰富的专家学者、科研人员及一线技术人员编写了这套“高效养殖致富直通车”丛书，范围涵盖了畜牧、水产及特种经济动物的养殖技术和疾病防治技术等。

丛书应用了大量生产现场图片，形象直观，语言精练、简洁，深入浅出，重点突出，篇幅适中，并面向产业发展需求，密切联系生产实际，吸纳了最新科研成果，使读者能科学、快速地解决养殖过程中遇到的各种难题。丛书表现形式新颖，大部分图书采用双色印刷，设有“提示”“注意”等小栏目，配有一些成功养殖的典型案例，突出实用性、可操作性和指导性。

丛书针对性强，性价比高，易学易用，是广大养殖户和相关技术人员、管理人员不可多得的好参谋、好帮手。

祝大家学用相长，读书愉快！

赵广永

中国农业大学动物科技学院

前　言

随着我国农村经济体制的深化改革，规模化、集约化、工厂化养猪是发展的必然趋势，人们对优质、安全猪肉产品的需求也越来越高。为了让广大养猪场（户）能够更好更快地了解和掌握更新、更实用的养猪技术，以及取得更好的养猪效益，编写了本书。

本书对猪场建设与设备、当代猪种与种猪引进、猪的繁殖与经济杂交、种猪的饲养管理、仔猪和育肥猪的饲养管理、猪群疫病防治、猪的营养与饲料、猪场经营与管理等方面最关键的技术要点通过图解的形式，进行了较详细而直观的介绍。本书突出了简明扼要，通俗易懂，系统性、科学性、先进性和实用性的特色，力求最大限度地满足广大农村、城镇个体和集体养猪生产者的需求，促进我国养猪业快速发展。

本书是广大农村、城镇养猪者的必备参考书，也可供农业院校师生和基层畜牧兽医工作者参考。

需要特别说明的是，本书所用药物及其使用剂量仅供读者参考，不可照搬。在生产实际中，所用药物学名、常用名与实际商品名称有差异，药物浓度也有所不同，建议读者在使用每一种药物之前，参阅厂家提供的产品说明以确认药物用量，用药方法、用药时间及禁忌等。购买兽药时，执业兽医有责任根据经验和对患病动物的了解决定用药量及选择最佳治疗方案。

由于时间仓促和编写人员水平有限，书中错误和不当之处在所难免，诚望广大读者予以指正。

编　者

目　录

第一章

猪场建设与设备

猪场的建设和设备是猪场生产的硬件。合理的建筑设计和良好的设备是创造猪适宜生长、发育、繁殖理想环境的先决条件。因此，搞好猪舍的建筑设计、选好猪场场址、合理布局和选配设备已成为现代养猪生产的关键因素。

一、猪场选址与布局规划

正确选择场址并进行合理的建筑规划和布局，是猪场建设的关键。猪场规划和布局合理，既方便生产管理，也为严格执行防疫制度等打下良好的基础。

1. 场址的选择

场址选择应根据猪场的性质、规模和任务，考虑多种影响因素，进行全面调查和综合分析后再做出决定。

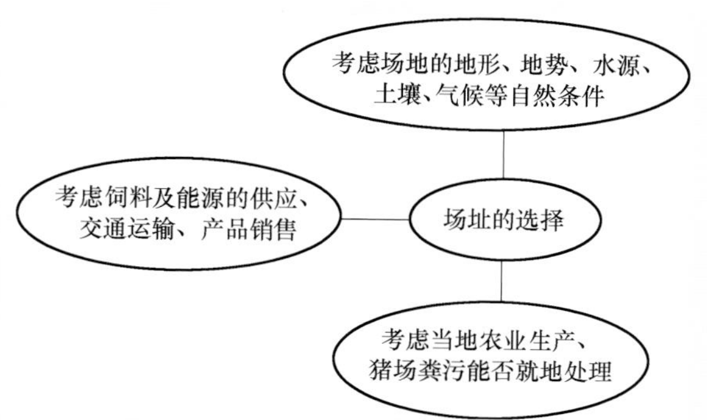

猪场的选址要考虑多种因素

（1）地形、地势

猪场地形要求开阔整齐，有足够的面积，以利于猪场通风、采光、运输和管理。

尽量用废弃的砖瓦场、空闲地或村边生荒地、山丘坡地等不耕种的土地建猪舍。在山丘坡地，最好建在背风、向阳面，但坡度不能过大，以不大于25%为宜。

（2）面积 猪场的占地面积依据猪场生产的任务、性质、规模和场地的总体情况而定。生产区面积可根据饲养繁殖母猪、种公猪、保育猪及育肥猪的数量来计算。猪场生活区、行政管理区、隔离区另行考虑，并留有发展余地。一般情况下，一个年出栏万头育肥猪的大型商品猪场，占地面积以30000m^2为宜。

繁殖母猪圈

种公猪圈

一般繁殖母猪每头占4.5～5.0m^2，种公猪每头占7.0～9.0m^2，保育猪每头占 1.0～1.5m^2，上市商品育肥猪每头占 3～4m^2。

保育猪圈

育肥猪圈

（3）水源、水质 猪场用水量较大，需要有充足的水源，水质应符合生活饮用水的卫生标准，取水方便，并确保未来若干年不受污染，最好用地下水资源或自来水。如果考虑掘井开采地下水资源，就应计算水需要量以决定水井的数量，从而对所需投资做出估算。各类猪每头每天的总需水量与饮用量可参考表 1-1。

表 1-1 猪需水量标准［单位：L/(头·d)］

猪别	总需水量	饮用量
种公猪	40	10
空怀及妊娠母猪	40	12
泌乳母猪	75	20
断奶仔猪	5	2
生长猪	15	6
育肥猪	25	6

（4）土壤 猪场土壤的物理、化学和生物学特性，都会影响猪的健康和生产力。土壤虽然具有一定的自净能力，但许多病原微生物可存活多年，而土壤又难以彻底进行消毒，所以，土壤一旦被污染，其危害性可以延续很长时间。

（5）周围环境 养猪场饲料、产品、粪便、废弃物等运输量很大，交通方便才能保证饲料的就近供应、产品的就近销售及粪污和废弃物的就地转化和消纳，以降低生产成本和防止污染周围环境。

选择场址时应避免在旧猪场场址或其他畜牧场场址上重建或改建，以免造成传染病的传播和危害。

旧猪场场址

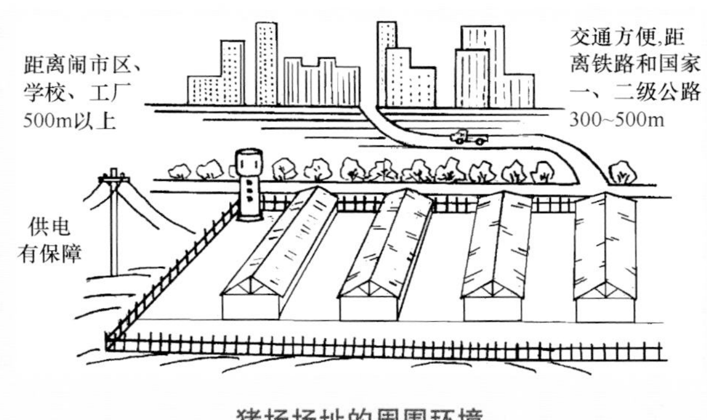

猪场场址的周围环境

2. 场区规划

一个较为完善的工厂化养猪场，在总体布局上至少应划分为生产区、生活区、管理区、卫生防疫隔离区等功能区。

（1）生产区　是整个猪场的核心区，包括各种类别的猪舍、消毒室（更衣室、洗澡间、紫外线消毒通道）、消毒池、兽医化验室、饲料加工调制车间、饲料储存仓库、人工授精室、粪尿处理系统等。

（2）管理区　包括办公室、后勤保障用房、车库、接待室、会议室等，是猪场与外界接触的门户，应与生产区分开，自成一院，宜建在生产区进出口的外面、上风向处。

（3）生活区　包括职工宿舍、食堂、文化娱乐室、运动场等，应位于生产区的上风向。

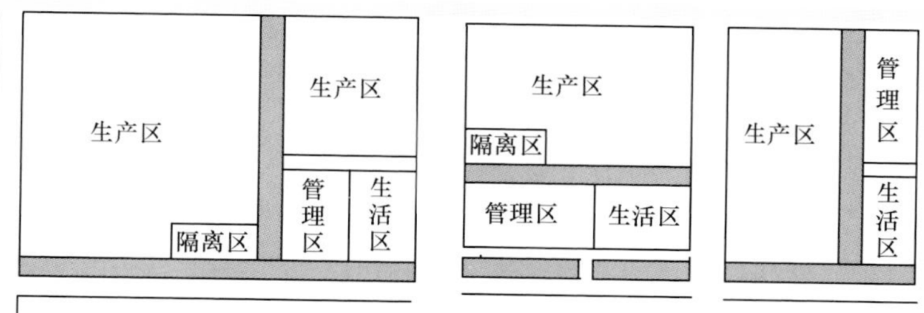

综合性养猪场场区规划图

（4）隔离区 包括隔离舍、兽医室、病死猪无害化处理室和储粪场等，一般应设在猪场的下风向或偏风向位置。隔离舍和兽医室应距生产区 150m 以上，储粪场应距生产区 50m 以上。

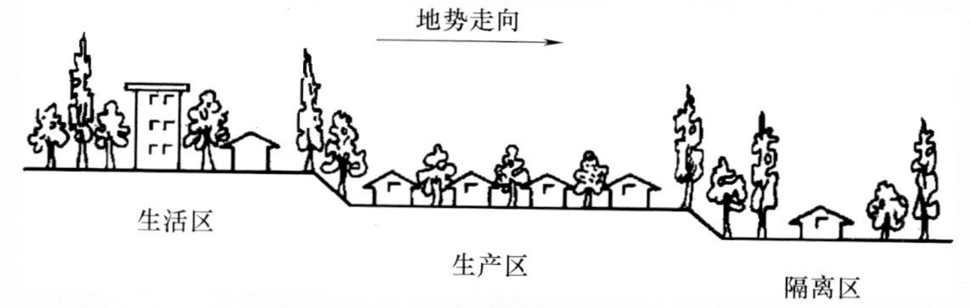

猪场场区规划布局示意图

3. 建筑物布局

综合性养猪场鸟瞰图

生产区内建筑物尤其是猪舍的布局，是根据猪不同生长时期的生理特点与其对环境的不同要求确定的。

工厂化养猪场内各种猪舍的布局一般为：种猪舍、仔猪舍应放在离隔离区出口较远的位置，并与其他猪舍分开；种公猪舍应在种母猪舍的上风方向、较偏僻的地方，两者之间应相距50m以上，交配场地应设在种母猪舍的附近，但不宜靠种公猪舍太近，以免影响种公猪；妊娠母猪舍、分娩猪舍应放到较好的位置，要接近仔猪培育舍；育肥猪及断奶仔猪舍宜放在进出口附近。这样既便于生产，又减少了种猪感染疾病的机会。

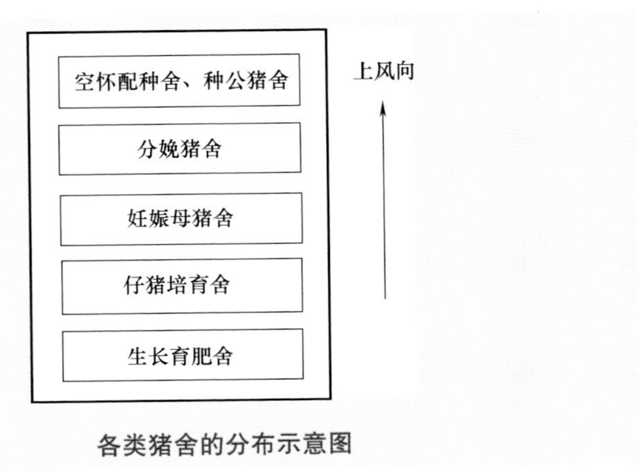

各类猪舍的分布示意图

饲料调制室和仓库应设在与各栋猪舍差不多远的适中位置且便于取水。设置储粪场时，既要保证卫生防疫安全，又要便于粪的运出、堆放和处理。因此，在卫生防疫隔离区中，储粪场的位置应当离生产区比较近，其次是兽医室，而垃圾场、病畜隔离舍、尸体堆放处理设施等则应当设在远端。

猪场生产区四周应设围墙，主门和生产区入口要有消毒池和消毒室。消毒池与门口同宽，长为 250cm，深为 15cm。消毒室内应装置紫外线灯或喷雾消毒设施，有工作帽、工作服和水靴或塑料脚套等。

在猪场四周种植树木设置隔离林，既可隔离噪声和便于防疫，又可夏季遮阴防暑，冬季挡风防寒。

在猪舍之间的道路两旁和裸露地面上可种植花草、树木，既可绿化环境，又可改善猪舍内的小气候。

下面为一个饲养 600 头基础母猪的现代化猪场场地规划和平面总体布局示意图。

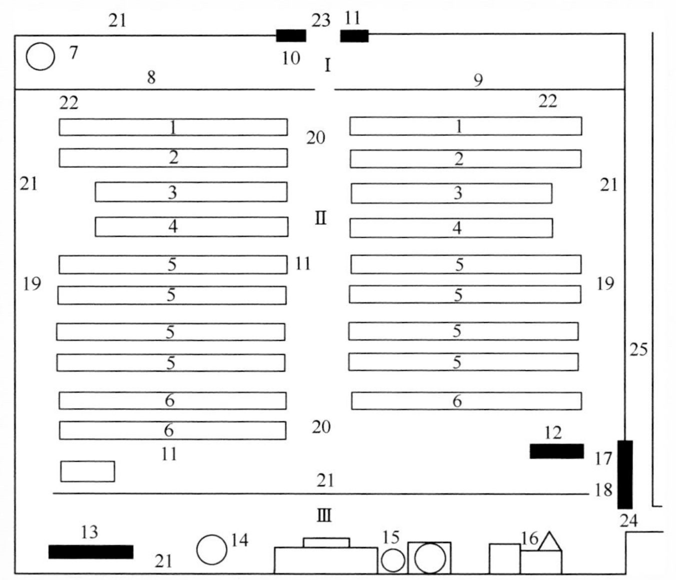

600 头基础母猪的现代化猪场场地规划和平面总体布局示意图

Ⅰ—产前区　Ⅱ—生产区　Ⅲ—隔离区

1—配种室　2—妊娠室　3—产房　4—保育室　5—生长舍　6—育肥舍　7—水泵房　8—生活、办公用房　9—生产附属用房　10—门卫　11—消毒室　12—厕所　13—隔离舍及解剖室　14—死猪处理设施　15—污水处理设施　16—粪污处理设施　17—选猪舍　18—装猪台　19—污道　20—净道　21—围墙　22—绿化隔离带　23—场大门　24—粪污出口　25—场外污道

二、猪舍建筑设计

1. 猪舍建筑设计原则

（1）符合猪的生物学特性　应根据猪对温度、湿度等环境条件的要求设计猪舍。

（2）适应当地的气候及地理条件　由于各地的自然气候及地理条件不同，对猪舍的建筑要求也各有差异。雨量充足、气候炎热的地区，主要是注意防暑降温；干燥寒冷的地区，应考虑防寒保温，力求做到冬暖夏凉。

一般猪舍温度最好保持在 10～25℃，相对湿度在 45%～50%为宜。为了保持猪群健康，提高猪群的生产性能，一定要保证舍内空气清新，光照充足。

单列式育肥猪舍

拱棚式猪舍设备简单、经济耐用，冬季封闭拱棚可防风寒、保温，夏季可撤掉两边的拱棚，以通风降温。

拱棚式单列猪舍示意图

（3）简单实用，坚固耐用　在建造猪舍时，既要考虑坚实耐用，又要因地制宜地考虑经济实惠，要充分利用当地资源，就地取材。也可以用温室大棚养猪，但是，必须便于控制疾病的传播，注意通风换气，有利于防疫和环境控制。

棚式双列育肥猪舍

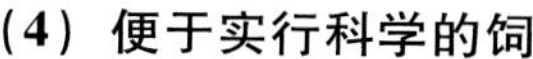

（4）便于实行科学的饲养管理　工厂化养猪的生产管理特点是“全进全出”一环扣一环的流

水式作业。所以，在建造猪舍时，首先应根据生产管理工艺确定各类猪栏数量，然后计算各类猪舍栋数，最后完成猪舍的布局，以达到操作方便、降低劳动生产强度、提高生产定额、保证养猪生产的目的。

2. 猪舍建筑形式

猪舍的形式繁多，按屋顶形式、墙壁结构与窗户以及猪栏排列等分为多种。

（1）按屋顶形式分类 屋顶的形式可分为单坡式、双坡式、联合式、平顶式、拱顶式和气楼式等。

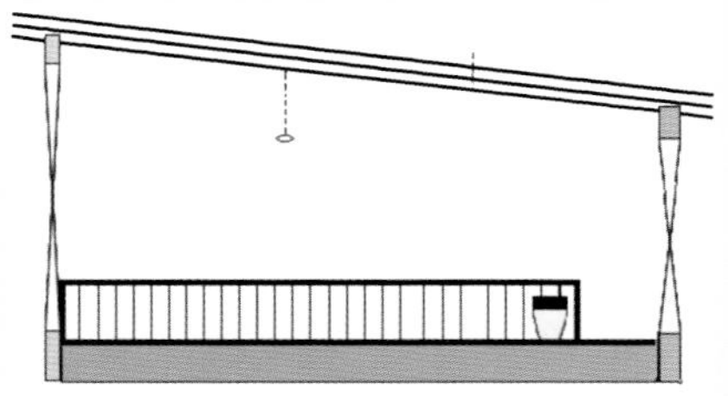

单坡式屋顶由一面斜坡构成，跨度较小，构造简单，屋顶排水好，通风透光好，投资少，但冬季保暖性能差，适合小规模养猪场（户）。

联合式又名道士帽式或不等坡式，其主要优缺点与单坡式基本相同，但保温性能较单坡式要好，投资要稍多于单坡式和双坡式。

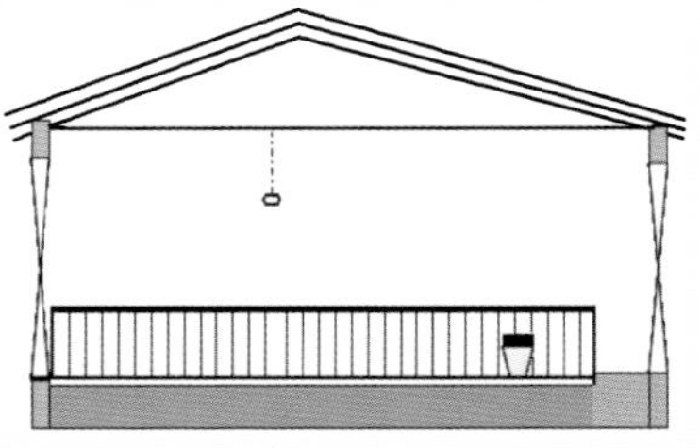

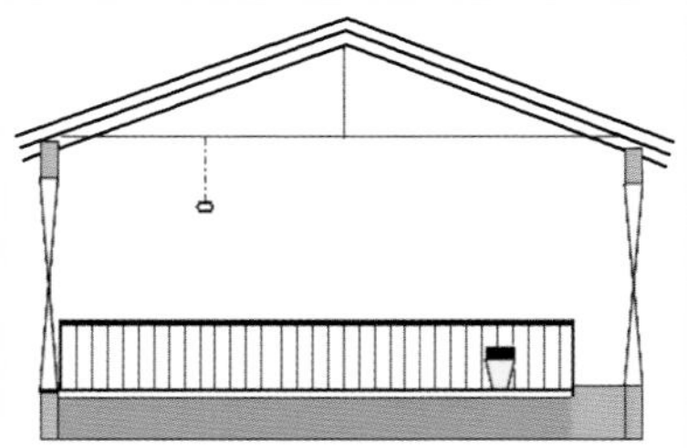

双坡式即有屋脊，屋顶有两斜坡面。此种猪舍保温性能较单坡式和不等坡式要好，但猪舍对建材要求较高，投资较多，多用在跨度较大的猪舍。

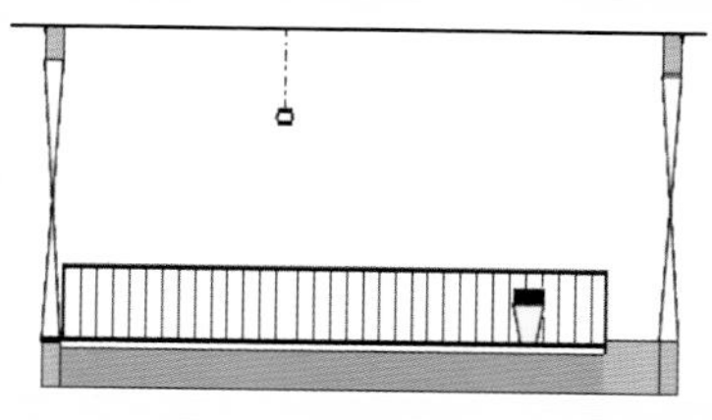

平顶式屋顶由一平面构成，一般采用预制板或现浇钢筋混凝土做屋面板。主要优点是结构简单，但其造价较高且屋内通风不好，夏季较热。

拱顶式屋顶可为各种猪舍所采用，特别是“花空心拱壳砖”的使用，更为拱顶式猪舍的冬暖夏凉创造了有利条件。主要优点是不需要木料、瓦、铁钉等材料，但结构设计要求比较严格。

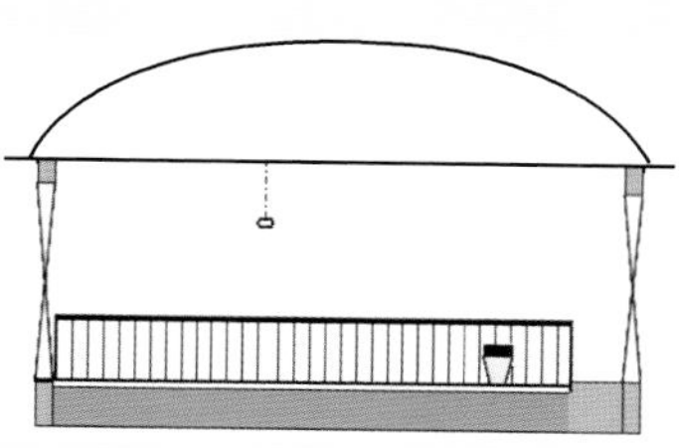

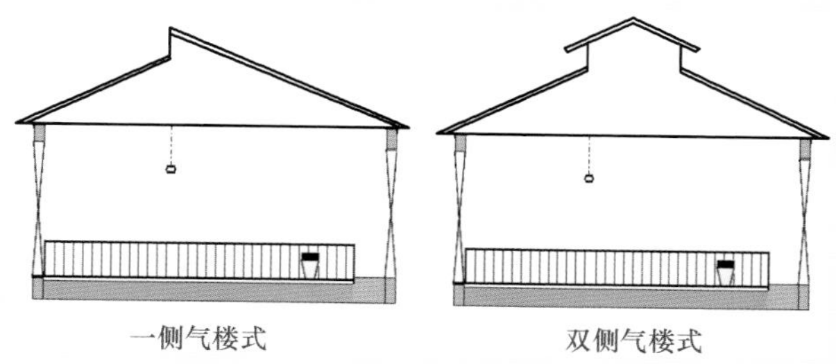

一侧气楼式　　　　双侧气楼式

气楼式又称为钟楼式，分为一侧气楼式（半钟楼式）和双侧气楼式两种。一侧气楼式要求尽量背向冬季主导风向，以免冬季寒风倒灌。该种猪舍夏秋季比较凉爽，但冬季与早春保温不够理想。

（2）按墙壁结构与窗户分类　按墙壁的结构和有无窗户，猪舍可分为开放式、半开放式和封闭式3种。

1）开放式猪舍。

2）半开放式猪舍。

3）封闭式猪舍。封闭式猪舍是指屋顶、墙壁等外围护结构完整，没有经常开启的门窗的猪舍，又分为无窗式封闭舍和有窗式封闭舍。

开放式猪舍是指三面有墙一面无墙的猪舍，通风透光好，建筑简单，节省材料，舍内有害气体容易排出。但缺点是猪舍不封闭，保温性能不好，不适合北方寒冷地区使用。

半开放式猪舍是指三面有墙一面半截墙，保温效果稍优于开放式猪舍，但通风效果不好。

有窗式封闭舍一般利用侧窗、天窗或外界气候来调节自然通风，还可以根据当地气候特点，辅以机械通风，做到冬暖夏凉。该种猪舍适用于我国大部分地区养猪。

有窗式封闭舍密闭性好，既便于通风，又有利于保温防寒，而且投资少，造价低，施工方便，舍内温湿度容易控制。

无窗式封闭舍舍内的通风、光照、温度全靠人工设备调控，能够较好地给猪提供适宜的环境条件，有利于猪的生长发育，提高生产率，适合作为我国绝大多数温暖地区的产仔舍和保育舍及北方寒冷地区的各类猪舍。

（3）按猪栏排列方式分类　按猪栏排列的方式，猪舍可分为单列式、双列式和多列式猪舍。

1）单列式猪舍。猪栏排成一列，靠北墙可设或不设走道（不设走道的，可在猪栏间设南北走道）。该种猪舍构造较简单，采光、通风、防潮效果好，适用于冬季不是很冷的地区。

无窗式封闭舍四周墙壁无窗，只设应急窗，仅供停电应急时用，这种猪舍土建、设备投资大，设备维修费用高。

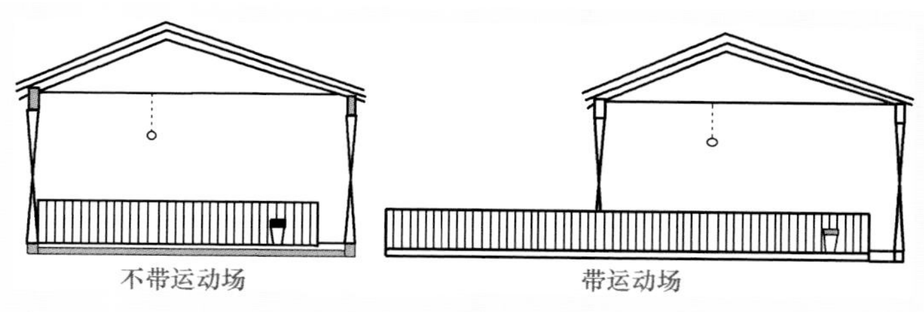

单列式猪舍剖面示意图

2）双列式猪舍。猪栏排成两列，中间设走道，管理方便，利用率高，保温较好，但采光、防潮不如单列式，适用于冬季寒冷的北方。

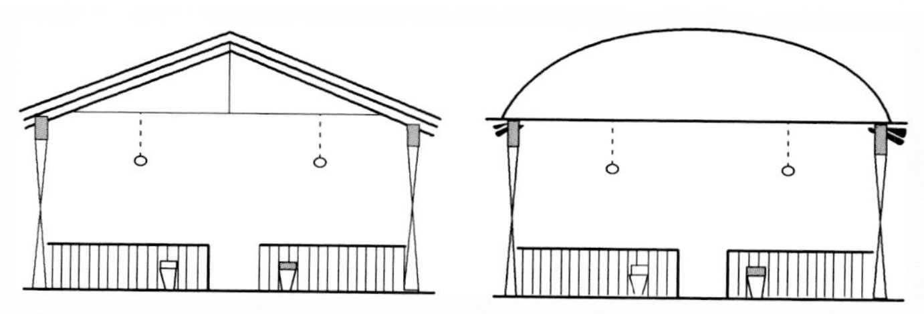

双列式猪舍剖面示意图

3）多列式猪舍。猪栏排列成3列或4列，中间设2～3条走道，保温好，利用率高，但构造复杂，造价高，通风降温较困难。

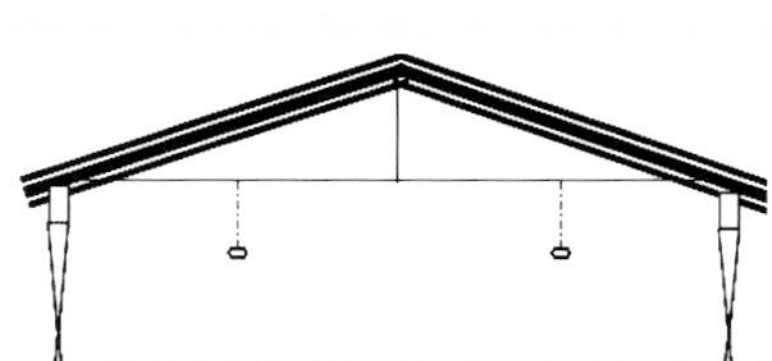

多列式猪舍剖面示意图

3. 猪舍基本结构

（1）地基

猪舍的地基通常以一定厚度的沙壤土层或碎石土层较好。埋入地下的基础墙应坚固、耐火、防潮，比上部墙体宽，并成梯形或阶梯形，以减少建筑物对地基的压力，深度一般为 50～70cm。

（2）地面 猪舍的地面是猪只活动、采食、休息和排粪尿的主要场所，要求舍内地面比舍外地面应高 40cm，并有一定的坡度（3%～4%），以利于保持地面干燥。水泥地面坚固耐用、平整，易于清洗消毒，但保温性能差，最好在地表下层用孔隙较大的材料如炉灰渣、空心砖等，以增强地面的保温性能。

为了便于对猪粪尿干稀分流和冲洗清扫，保持舍内清洁卫生和干燥，猪舍地面一般要采用部分或全部漏缝地板。墙壁内表面地面以上有水泥墙裙。

（3）墙壁 猪舍墙壁对舍内温湿度保持起着重要的作用。墙壁要求坚固耐用，承重墙的承载力和稳定性必须满足结构设计要求，地面以上 1.0～1.8m 高的墙壁内表面应设水泥墙裙，以便于清洗消

毒，防止猪弄脏、损坏墙面。

比较理想的墙壁为砖砌墙，要求水泥勾缝，离地 1.0～1.8m 应设水泥墙裙，或全部涂上水泥。猪舍主墙壁厚在 25～30cm，隔墙厚度为 15cm。

（4）屋顶 屋顶起遮风挡雨和保温隔热的作用，要求坚固，不漏水、不透风，有一定的承重能力和良好的保温隔热性能。较理想的屋顶为水泥预制板平板式，并加 15～20cm 厚的土以利保温、防暑。

草料屋顶猪舍

泥灰屋顶猪舍

草料屋顶的优点是造价低和保温性能好，主要缺点是不耐久、易腐烂漏雨。泥灰屋顶的耐久性虽不高，但造价低并兼有避雨、防暑、防寒等优点。

用平瓦或石棉双坡式房顶，保温性能虽然不及草顶，但坚固耐用，如果在室内装吊顶，可以提高其保温隔热性能。

平瓦屋顶猪舍

猪舍内吊顶

（5）门窗 门是供人员、猪只及物品出入用的，其大小要适宜，外门的设计应避开冬季主风向。窗用于采光和通风，其面积大小和数量关系到保温、防暑及采光，应据当地气候酌情而定。

一般门宽 1.0～1.5m，高 2.0～2.4m。窗户的大小应以采光面积和地面面积之比计算，种猪舍要求 1:(8～10)，育肥舍 1:(15～20)，距地 1.1～1.3m，距屋檐 40cm。

（6）猪栏 除通栏猪舍外，在一般密闭猪舍内均需建隔栏。纵隔栏应为固定栅栏，横隔栏可为活动栅栏，以便进行舍内面积的调整。各猪占栏面积：母猪 1.26m^2/头，公猪 6.48m^2/头，生长中猪 0.5m^2/头，育成中猪 0.7m^2/头，育成大猪 0.9m^2/头。

砖砌墙水泥抹面栅栏

猪舍内的钢栅栏

（7）其他主要辅助结构 猪舍内应设送料道、粪尿沟。用作饲料间、工休间和水冲式清粪贮水间的生产辅助间设在猪舍的一端，地面应高出送料道 2cm。粪尿沟最好设明沟，坡度要大，不能积水。

猪舍以送料道宽度1.2~1.5m、粪道宽1.0~1.2m能通过送料车位宜

粪尿沟如建成暗沟,要设成活动式盖,便于定期冲洗和疏通

4. 各类猪舍的建设

(1) 配种舍

双列式配种母猪舍

配种舍包括种公猪栏和待配母猪栏，小规模的猪场常分别建种公猪舍和母猪舍，采用单列带运动场的开放式。大规模的猪场的配种舍可设计为双列式和多列式。

(2) 妊娠舍

妊娠舍可设计为双列式和多列式。小规模的猪场可采用单列带运动场的开放式猪舍。

单列带运动场的开放式妊娠舍

（3）分娩舍

分娩舍常为有窗密闭式，配置产床，大小为 2.2m×1.8m。布置多为两列三走道或三列四走道，需要配备供暖设备。

双列式的分娩舍

（4）保育舍

保育舍常为有窗密闭式，配置保育网，每网 $3m^2$，可容 10 头猪，两列三走道或三列四走道设置，配供暖设备。

双列三走道保育舍

（5）生长育肥舍

生长育肥舍可设计为单列式和双列式。小规模的猪场可采用单列开放式或双列封闭式，即两列中间一走道设置。

双列一走道封闭式育肥舍

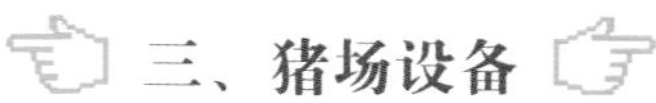

三、猪场设备

大型集约化猪场的设备主要包括各种限位饲养栏、漏缝地板、供水设备、饲料加工储存设备、给配料设备、供暖通风设备、粪污处理设备、卫生防疫及检测器具和运输设备等。小型猪场也应具备限位饲养栏、漏缝地板、给料设备、供水设备和消毒器具等设备。

1. 猪栏

猪栏是现代化养猪场的基本生产单位，不同的饲养方式和猪的种类需要不同形式的猪栏。

根据饲养猪的类群，猪栏可分为种公猪栏、配种栏、种母猪栏、妊娠栏、分娩栏、保育栏和育成育肥栏等。

按栏内饲养头数可分为单栏和群栏。

根据排粪区的位置和结构分为地面刮粪猪栏、部分漏缝地板猪栏、全漏缝地板猪栏、前排粪猪栏和侧排粪猪栏。

按结构形式分为实体猪栏、栅栏猪栏、综合式猪栏和装配式猪栏等。

（1）种公猪栏和配种栏　种公猪具有体格较高大、爱运动、破坏力强和怕热不怕冷等特点，在炎热地区，种公猪舍多采用开放式或半开放式，跨度一般较小，净高较大，以利于防暑降温；而寒冷地区则一般采用封闭式猪舍，用大窗户通风。

种公猪一般为单栏饲养，单列式或双列式布置。由于配种时母猪不定位，操作不方便，而且配种时对其他种公猪干扰大，因此，应单独设计配种栏，最好不要在一起。

另外，种公猪舍围栏设施及圈门宜坚固结实，且栏高应达到1.2～1.4m，栏门宽0.8m左右，地面坚实平整，排水坡度5%左右。一般应配运动场。

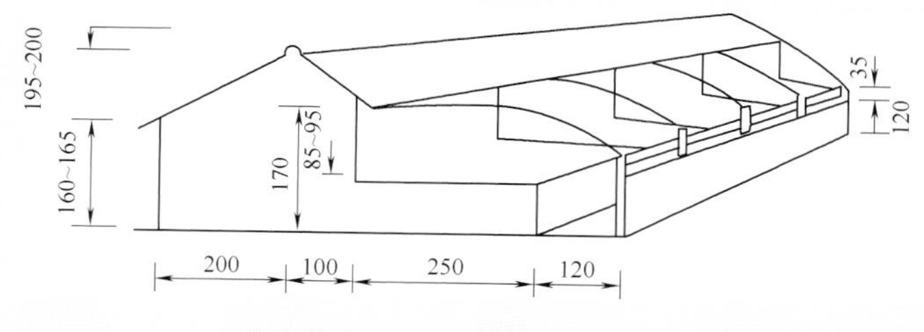

种公猪舍侧面示意图（单位：cm）

（2）母猪栏 常用的母猪栏有三种形式：

1）整个空怀期、妊娠期采用单栏限位饲养。

母猪采用单栏限位饲养，其优点是占地面积小，喂料、观察、管理方便，母猪不会因碰撞而导致流产。但缺点是母猪活动受限制，运动量较少，对分娩有一定影响。

母猪单栏限位饲养

2）整个空怀期、妊娠期采用群栏饲养。

母猪采用群栏饲养，一般每栏3～5头。其优点是增加了母猪活动量，但缺点是容易发生因母猪间相互争斗或碰撞而导致流产。

母猪群栏饲养

3）在空怀期和母猪妊娠前期采用群栏饲养，妊娠后期母猪则单栏限位饲养。

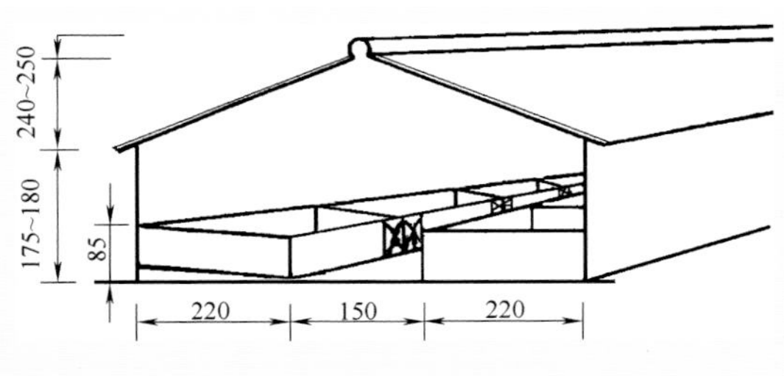

空怀与妊娠母猪舍示意图

（3）分娩栏

（4）仔猪保育栏 仔猪保育栏也是猪栏设备中要求较高的一种。仔猪保育栏多为高床全漏缝地板饲养，猪栏采用全金属栏架，配塑料或铸铁漏缝地板、自动饲槽和自动饮水器。

分娩栏也称产仔栏、产床。猪场中对分娩栏的要求最高，分单体产仔栏和连体产仔栏，单体产仔栏规格一般为2.2m×1.8m×1.0m，连体产仔栏规格为3.6m×2.2m×1.0m。

母猪连体产床

仔猪保育栏的规格视猪舍结构不同而定。常用的规格为栏2m×1.7m×0.6m，侧栏间隙0.06m，离地面高度为0.25～0.3m。每个保育栏可养体重为10～25kg的仔猪10～12头。

高床全漏缝地板仔猪保育栏

（5）育成育肥猪栏

实际生产中，为了节约投资，所用的育成育肥栏相对比较简易，常采用全金属圈栏或砖墙间隔、金属栏门。

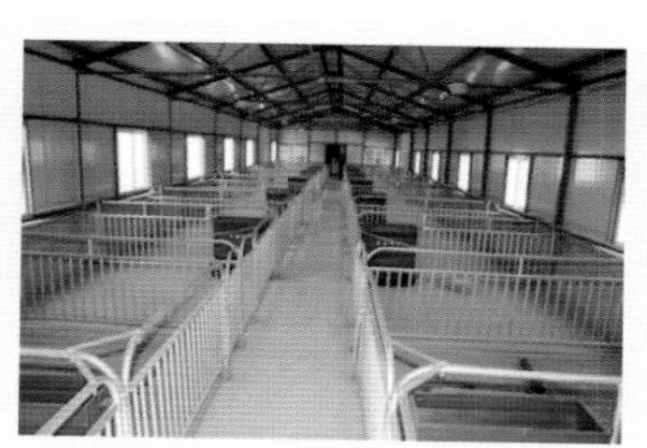

育成育肥猪栏

2. 漏缝地板

为保持猪场栏内卫生，减少清扫和便于冲洗消毒，普遍采用在粪沟上敷设漏缝地板的方式。常用的漏缝地板有以下几种。

（1）水泥混凝土漏缝地板

水泥混凝土漏缝地板在配种妊娠舍和育成育肥舍应用最为常见，可做成板状或条状。这种地板成本低、牢固耐用，但对制造工艺要求严格，水泥标号必须符合设计图样要求。

（2）金属漏缝地板

金属漏缝地板可以用金属条排列焊接而成，也可用生铁铸造或用金属条编织成网状。由于缝隙占的比例较大，粪尿下落顺畅，缝隙不易堵塞，不会打滑，栏内清洁、干燥，在集约化养猪生产中普遍采用。

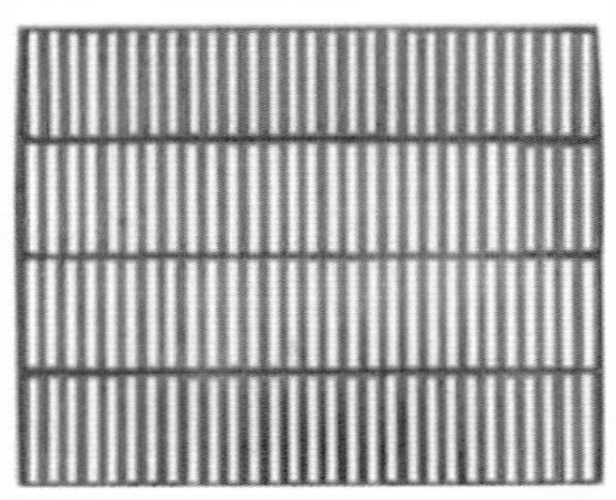

（3）塑料漏缝地板

塑料漏缝地板采用工程塑料模压而成，拆装方便，质量轻，耐腐蚀，牢固耐用，但容易打滑，体重大的猪行动不稳，适用于小猪保育栏地面或产仔哺乳栏小猪活动区地面。

3. 仔猪保温箱

一般情况下，仔猪保温箱并不能保障仔猪的取暖，上盖预留灯设计，就是为了可以挂上红外灯泡，由于现在科技的发展，仔猪保温箱都是和仔猪电热板配套使用，用以保障节能、合理、科学等效果。

仔猪保温箱有塑料、铸铁、塑钢材料，也有上盖与箱体是不同材质的。

保温箱有上盖预留灯泡及观望窗口设计，尺寸大小根据当地情况而定。常见的规格为1.05m×0.65m×0.65m。在仔猪保温箱的箱体上有仔猪进出门设计。

4. 饲喂设备

（1）加料车

在猪舍内配备专用于给猪添加饲料的小推车。一般为金属框架结构、塑料料箱，轻巧、方便、耐用。

（2）食槽　根据目前大多养猪场所采用的自由采食和限量饲喂方式，食槽又分为自由采食槽（自动食槽）和限量采食槽两种。自动食槽的主要尺寸参数见表1-2。

自动食槽的式样有多种，长方形双面自动食槽、圆形自动食槽和饲料饮水一体自动食槽。

各种自动猪食槽

表 1-2 自动食槽的主要尺寸参数 （单位：cm）

猪群种类	高	宽	采食间隙	前缘高度
仔 猪	40	40	14	10
幼 猪	60	60	18	12
生长猪	70	60	23	15
育肥前期至 60kg	85	80	27	18
育肥后期至 100kg	85	80	33	18

限量采食槽多用于种公猪、母猪等需要限量饲喂的猪群，小群饲养的母猪和种公猪用的限量采食槽一般用水泥制成，造价低廉，坚固耐用。每头猪所需要的食槽长度大约等于猪肩部宽度，不足时会造成饲喂时争食；太长不但造成饲槽浪费，个别猪还会踏入槽内吃食，弄脏饲料。水泥食槽的主要尺寸见表 1- 3，每头猪采食所需要的食槽长度见表 1- 4。

表 1-3 水泥食槽的主要尺寸 （单位：cm）

猪群种类	宽	高	底 厚
仔 猪	20	10 ~ 12	4
幼猪、生长猪	30	15 ~ 18	5
育肥猪、母猪	40	20 ~ 22	6

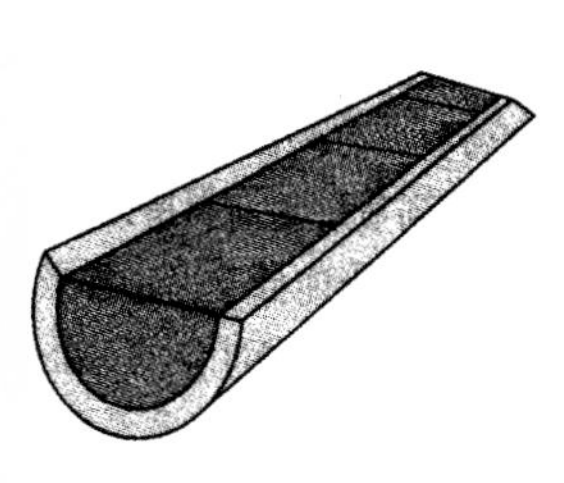

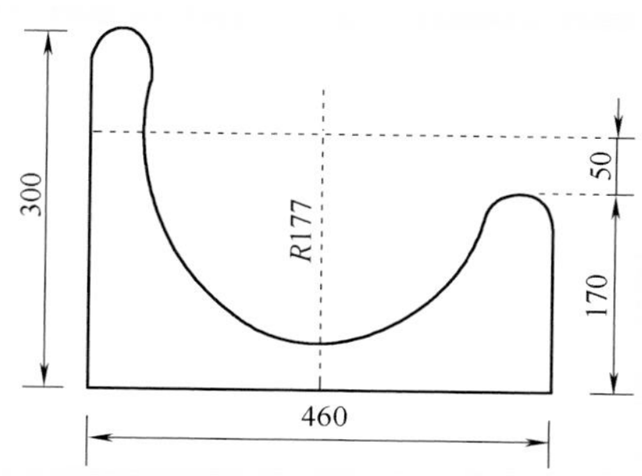

限量水泥食槽示意图（单位：cm）

表 1-4　每头猪采食所需要的食槽长度

猪的类别	体重/kg	每头猪所需食槽长度/cm
仔猪	15 以下	18
幼猪	30 以下	20
生长猪	40 以下	23
育肥猪	60 以下	27
	75 以下	28
	100 以下	33
繁殖猪	100 以下	33
	100 以上	50

（3）自动喂饲系统　主要由贮料塔、饲料输送机、输送管道、自动给料设备、计量设备和食槽等组成。

猪舍自动喂饲系统

5. 饮水设备

猪用自动饮水器的种类很多，主要有鸭嘴式、乳头式、吸吮式和杯式等，每一种又有多种结构形式。

鸭嘴式猪自动饮水器为规模化养猪场中使用最多的一种饮水设备。

乳头式猪自动饮水器由壳体、顶杆和钢球三部分构成。

吸吮式猪自动饮水器由顶杆、钢球和壳体三部分组成。

杯式猪自动饮水器供水部分的结构与鸭嘴式大致相同，杯体常用铸铁制造，也可以用工程塑料或钢板冲压成形（表面喷塑）。

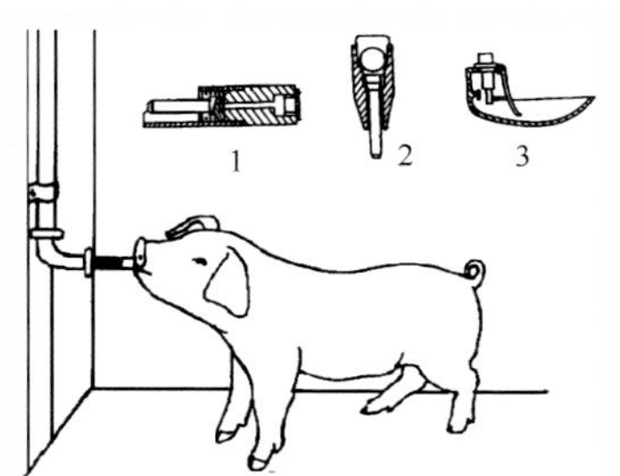

在安装自动饮水器时要注意其高度，一般与猪的肩高相等，以便于猪只饮水。

猪自动饮水器结构示意图

1—鸭嘴式猪自动饮水器　2—乳头式猪自动饮水器
3—杯式猪自动饮水器

如图所示，在自动饮水器下面可设置水槽，水槽的一侧留有漏水孔，及时将水排入排水沟内，以免弄湿地面。

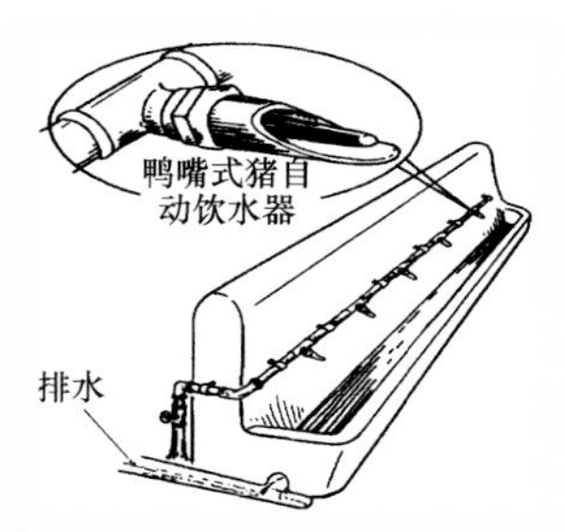

自动饮水器示意图

6. 冬季供热设备

传统猪舍使用煤炉或火道取暖，浪费煤且造成猪舍内空气质量变差。一般热水加热是比较符合养猪工艺的加热方式，目前最常使用的加热方式是设置地暖（自动控温节能床）。

自动控温节能床是将220V电源连接埋置在混凝土中的远红外发热电缆，电缆发热传至混凝土中并集蓄，然后由混凝土通过热辐射的形式向上缓慢均匀释放，从而达到下暖上凉的最佳采暖效果。

猪舍地面设置地暖

7. 通风设备

现代化猪场采用联合通风系统，全自动控制，夏季采用湿帘加风机的纵向通风措施，降低高温对猪只的影响，冬季采用横向通风措施，保证猪舍温度的同时保证了最低通风量，猪舍气候调控的现代化对我国养猪业的影响可以与蒸汽机对工业化进程的影响一样。

现代化通风系统（风机）

现代化通风系统（湿帘）

现代化通风系统一般在分娩舍中使用。分娩舍采用单元设计，供暖也采用单元控制，设计中采用空调换气一体机，每一个单元由独立温控系统控制，根据单元面积计算需要安装的换气一体机的数量，该系统有以下特点：

1）使用循环水系统，热源稳定。

2）进行内外空气交换，补充舍中新鲜空气，在加热的同时，解

决通风问题。

8. 清粪设备

规模化养殖场机械清粪常采用两种清粪机，一是链式刮板清粪机，二是往复式刮板清粪机。

（1）链式刮板清粪机 由链刮板、驱动装置、导向轮和张紧装置等部分组成。工作时，驱动装置带动链子在粪沟内做单向运动，装在链节上的刮板便将粪便带到舍端的小集粪坑内，然后由倾斜的升运器将粪便提升并装入运粪拖车运至集粪场。

链式刮板清粪机一般安装在猪舍的开式粪沟（明沟）中，即在猪栏的外面开一粪沟，猪尿自动流入粪沟。猪粪由人工清扫至粪沟中。此方式不适用于高床饲养的分娩舍和培育舍内清粪。

链式刮板清粪机

链式刮板清粪机的主要缺陷是由于倾斜升运器通常在舍外，在北方冬天易冻结。因此，在北方地区冬天不可使用倾斜升运器，而应由人工将粪便装车运至集粪场。

（2）往复式刮板清粪机 由带刮粪板的滑架（两侧面和底面都装有滚轮的小滑车）、传动装置、张紧机构和钢丝绳等构成。清粪机滑架的刮粪板间距为10～20m，滑架的往复行程要大于刮板间距。

往复式刮板清粪机装在开式粪沟或漏缝地板下面的粪沟中。粪沟的宽度和深度一般应与滑架及刮板相适应；中间装一个排尿管，管上开一道缝，刮粪板上焊有竖直钢板插入缝中，在刮粪的同时疏通该缝隙。

往复式刮板清粪机

9. 其他设备

猪场还有一些配套设备：如背膘测定仪、怀孕探测仪、活动电子秤、模型猪、耳号钳、电子识别耳牌、断尾钳、仔猪转运车、以及用于猪舍消毒的火焰消毒器、兽医工具和尸体处理设备等。

第二章

当代猪种与种猪引进

一、我国猪种的类型

据《中国猪品种志》（1986）介绍：我国地方猪种48个、培育品种12个，引入国外品种6个（表2-1）。2004年出版的《中国畜禽遗传资源状况》将我国猪种资源确定为地方品种72个、培育品种19个、引入品种8个，共计99个。

表2-1 中国猪种

品种		代表猪
地方猪种	华北型	东北民猪、西北八眉猪、黄淮海黑猪、汉江黑猪、沂蒙黑猪
	华南型	两广小花猪、香猪、滇南小耳猪、海南猪、粤东黑猪、槐猪、隆林猪、五指山猪、蓝塘猪
	华中型	金华猪、华中两头乌猪、宁乡猪、湘西黑猪、赣中南花猪、大围子猪、大花白猪、龙游乌猪、闽北花猪、嵊县花猪、乐平猪、杭猪、玉江猪、五夷黑猪、清平猪、南阳黑猪、皖浙花猪、莆田猪、福州黑猪
	江海型	太湖猪、虹桥猪、姜曲海猪、阳新猪、东串猪、圩猪、台湾猪
	西南型	荣昌猪、内江猪、关岭猪、乌金猪、湖川山地猪、成华猪、雅南猪
	高原型	藏猪
培育品种		哈尔滨白猪、上海白猪、伊犁白猪、赣州白猪、汉中白猪、三江白猪、新金猪、新淮猪、北京黑猪、山西黑猪、东北花猪、泛农花猪
引入品种		大约克夏猪（大白猪）、中约克夏猪、长白猪、杜洛克猪、汉普夏猪、巴克夏猪

二、猪的经济类型

根据不同猪种肉脂生产能力和外形特点，按胴体的经济用途可把猪分为瘦肉型（腌肉型）、脂肪型和介于二者之间的兼用型三个类型。

1. 瘦肉型

瘦肉型猪胴体瘦肉率达55%～65%，脂肪占30%左右，膘厚1.5～3.5cm，可供以加工成长期保存的肉制品，如腌肉、香肠、火腿等。

瘦肉型猪外形特点：前躯轻，后躯重，中躯长，背线与腹线平直，四肢较高，体长大于胸围15～20cm以上。

瘦肉型猪示意图

我国近年来引入的各种瘦肉猪良种均属此类型，如皮特兰猪、杜洛克猪、汉普夏猪、大约克夏猪和长白猪等。

2. 脂肪型

脂肪型猪以产脂肪为主，脂肪一般占胴体的45%以上，膘厚4cm以上。

脂肪型猪外形特点：头颈粗重，体躯宽、深，体长短，体长与胸围相等或略小于胸围2～5cm，四肢较短。

脂肪型猪示意图

我国大多数地方猪种都属此类型，如太湖猪、民猪、八眉猪、内江猪、荣昌猪、藏猪、金华猪和大花白猪等。

3. 兼用型

兼用型猪以生产鲜肉为主，胴体中的瘦肉和脂肪比例相近，各占 45% 左右，外形介于脂肪型和瘦肉型之间。

兼用型猪外形介于脂肪型和瘦肉型之间，其特点：凡偏向于脂肪型者称为脂肉兼用型，凡偏向于产瘦肉稍多者，称为肉脂兼用型。

兼用型猪示意图

我国大多数的地方培育猪种，都属于此类型，如北京黑猪、上海白猪、关中白猪、汉白猪、哈尔滨白猪、新淮猪、沂蒙黑猪等。

三、我国地方主要猪种

1. 民猪

民猪又称东北民猪，原产于东北和华北部分地区。体重 150kg 以上的大型猪称为大民猪；体重 95kg 左右的中型猪称为二民猪；体重 65kg 左右的小型猪称为荷包猪。现存的东北民猪多属于中型猪。

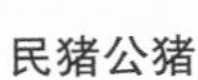

民猪公猪

民猪母猪

民猪被毛全黑，毛密而长，猪鬃发达，冬季密生绒毛；头中等大小，面直长，头纹纵行，耳大下垂；体躯扁平，肋骨弯曲度较小，背腰狭窄，臀部倾斜，四肢粗壮。

民猪性成熟早，母猪 4 月龄左右出现初情，母猪发情表现明显，配种受胎率高。公猪一般在 9 月龄、体重达 90kg 左右开始配种；母猪在 8 月龄、体重达 80kg 左右初配。初产母猪平均产仔 12.2 头，经产母猪平均产仔14.6头，在30℃和零下28℃的气温下仍能正常生产。育肥猪日增重450～500g，饲料转化率4.0左右，胴体瘦肉率40%～45%。

2. 太湖猪

太湖猪属于江海型猪种，由二花脸、梅山、枫泾、嘉兴黑和横泾等地方类型猪组成，主要分布在长江下游，江苏、浙江和上海交界的太湖流域。

太湖猪公猪

太湖猪母猪

太湖猪体型中等，全身被毛黑色或青灰色，毛稀疏。梅山猪的四肢为白色，腹部呈紫红，头大额宽，额部和后驱皱褶深密，耳大下垂，形如烤烟叶。四肢粗壮、腹大下垂、臀部稍高、乳头8～9对，最多13对。

太湖猪母性好，高产性能强，初产母猪平均产仔12头，经产母猪平均产仔16头，三胎以后每胎可产20头以上，优秀母猪窝产仔数达26头，最高纪录产过42头。性成熟早，公猪4～5月龄精子的品质即达成年猪水平。

太湖猪遗传性能较稳定，与瘦肉型猪种结合杂交优势强，最宜作为杂交母体。目前太湖猪常用作长太母本（长白公猪与太湖母猪杂交的第一代母猪）开展三元杂交。实践证明，在杂交过程中，杜长太或大长太等三元杂交组合类型保持了亲本产仔数多、瘦肉率高、生长速度快等特点。

3. 两广小花猪

两广小花猪是陆川猪、福绵猪、公馆猪和广东小耳花猪的统称，主要分布于广东和广西相邻的月江、西江流域的南部等地。具有皮薄、肉质嫩美等优点，但生长速度较慢，饲料利用率较低，体型也比较小。

两广小花猪公猪

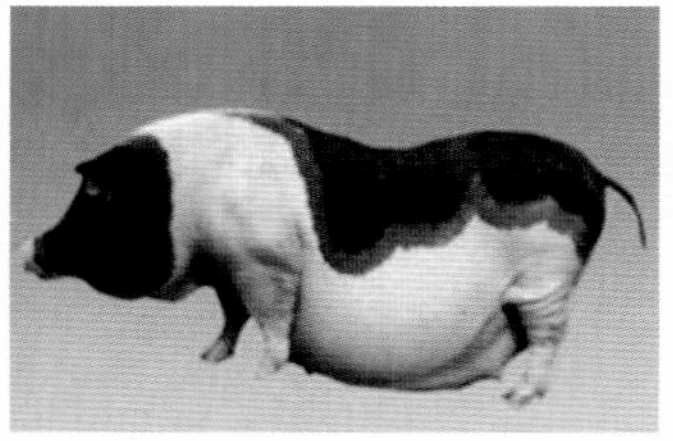

两广小花猪母猪

该类型猪体型较小，具有头短、耳短、身短、脚短、尾短的特点，故有“五短猪”之称。毛色为黑白花，除头、耳、背腰、臀为黑色外，其余均为白色；耳小向外平伸；背腰凹，腹大下垂；乳头6~7对。

两广小花猪性成熟早，平均每胎产仔12.48头；成年公猪平均体重130.96kg，成年母猪平均体重112.12kg；75kg屠宰时屠宰率为67.59%~70.14%，胴体瘦肉率37.2%。育肥期平均日增重328g。

4. 八眉猪

八眉猪又称泾川猪或西猪，主要分布于陕西、甘肃、宁夏、青海等省（自治区），在邻近的新疆和内蒙古亦有分布。该种猪头较狭长，耳大下垂，额有纵行“八”字皱纹，故名八眉。

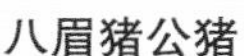

八眉猪公猪

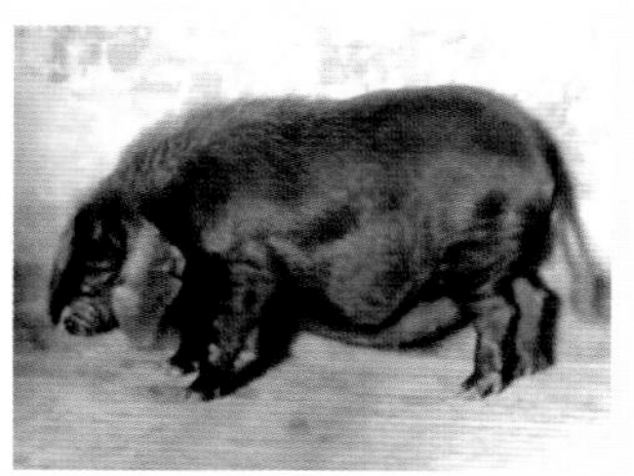

八眉猪母猪

有大八眉、二八眉和小伙猪三大类型，以二八眉数量最多。成年公猪体重在80~90kg，母猪在60~70kg。性成熟早，小公猪3月龄可配种，母猪4~5月龄即可受孕，头胎产仔6~7头，三胎以上可产仔11~12头。小伙猪在10月龄、体重50~60kg可屠宰。在条件较好时，日增重458g，瘦肉率43.17%，背膘厚3.55cm。在温暖多雨的关中平原、高寒的青藏高原或干旱的黄土丘陵山区，八眉猪都能很好地生长繁殖。

5. 华中两头乌猪

华中两头乌猪产于长江中游和江南平原湖区、丘陵地带，包括湖南沙子岭猪、湖北监利猪和通城猪、江西赣西两头乌猪和广西东山猪等地方猪。

据测定，沙子岭公猪45日龄有成熟精子出现，3月龄有配种能力。公猪一般于5~6月龄体重30~40kg开始配种，由于早配和使用过度，一般多利用2~3年。小母猪初次发情在100日龄左右，一般于5~6月龄体重40~50kg时配种。初产母猪产仔7~8头，三胎及以上母猪产仔11头左右。

华中两头乌猪公猪

华中两头乌猪母猪

6. 金华猪

金华猪又称“金华两头乌”“义乌两头乌”，是中国著名地方优良品种之一，其头部和尾部为黑皮黑毛，故又称“两头乌”。主产于浙江东阳、义乌、金华等地。

金华猪公猪

金华猪母猪

金华猪体型有大、中、小三个类型，也称Ⅰ、Ⅱ、Ⅲ系，大型的俗称“寿宗头”，小型的俗称“老鼠头”，中型的是目前金华猪的代表类型，也是饲养最广泛、数量最多的类型。该种猪体型中等，耳下垂，颈短粗，背微凹，臀倾斜，蹄质坚实。全身被毛中间白，头颈、臀尾黑。以早熟易肥、皮薄骨细、肉质优良，适于腌制火腿著称。

金华猪成年公猪体重 140kg，成年母猪 110kg。成年母猪产仔数 14 头左右，产活仔数 12 ~ 13 头，7 ~ 8 月龄、体重 70 ~ 75kg 时为屠宰适期，胴体瘦肉率 40% ~ 45%。以金华猪为母本与外来品种猪杂交所得杂种猪，瘦肉率明显提高。

7. 内江猪

内江猪主要产于四川省的内江市，以内江市东兴镇一带为中心产区。该种猪具有适应性强和杂交配合力好等特点，是我国华北、东北、西北和西南地区开展猪杂交优势利用的良好亲本之一。

内江猪公猪

内江猪母猪

内江猪全身被毛黑色，体型较大，体躯宽而深，前躯尤为发达。头短宽多皱褶，耳大下垂，颈中等长，胸宽而深，背腰宽广，腹大下垂，臀宽而平，四肢坚实。

内江猪成年公猪体重 170kg 左右，成年母猪 155kg 左右。体重 90kg 时，屠宰率为 67.5%，胴体中肉、脂分别占 37.0% 和 39.3%。小公猪 62 日龄时睾丸便有成熟精子，5 ~ 6 月龄开始配种；母猪初情期为 113 日龄左右，6 月龄初次配种，产仔数为 9 ~ 10 头。

8. 荣昌猪

荣昌猪主产于重庆荣昌县和四川省的隆昌等地，现已发展成为我国养猪业推广面积最大、最具有影响力的地方猪种之一。

荣昌猪体型较大，头大小适中，面微凹，耳中等大、下垂，额

荣昌猪公猪

荣昌猪母猪

面皱纹横行、有旋毛，体躯较长，发育匀称，背腰微凹，腹大而深，臀部稍倾斜，四肢细致、坚实。被毛除眼周外均为白色，也有少数在尾根及体躯出现黑斑或全白的。

群众按毛色特征将荣昌猪分为“金架眼”“黑眼膛”“黑头”“两头黑”“飞花”和“洋眼”等。其中“黑眼膛”和“黑头”猪占一半以上。

荣昌猪仔猪

荣昌猪成年母猪体重144.2kg，成年公猪体重170.6kg。7～8月龄体重80kg左右，屠宰率为69%，瘦肉率42%～46%。繁殖利用年限一般为6～7年，产仔数初产平均为6.7头，经产为10.2头。

9. 香猪

香猪原产于我国广西、贵州省山区，属微型猪种，属我国独有猪种。其肉嫩味香，无膻无腥，故名香猪，是一个生产优质猪肉的良种。同时作为实验动物或宠物饲养也有广阔的前景。

香猪体格短小，其被毛黑色，毛细有光泽，头长，额平，额部皱纹纵横，眼睛周围无毛区明显，耳薄并向两侧平伸，颈部短而细，背腰微凹，腹大而圆、下垂，后躯丰满，四脚短细，尾巴细小，尾端毛呈白色。

香猪性成熟早，母猪初情期为4月龄，体重约8kg，4～6月龄即可发情配种；公猪65～75日龄出现爬跨行为，体重4～8kg。公猪在

香猪公猪

香猪母猪和仔猪

170 日龄可初配。母猪头胎平均产仔 4.5～6 头，经产母猪产仔数为 5.7～8 头。育肥香猪屠宰率为 63.6%，瘦肉率达 52.2%。

10. 藏猪

藏猪主产于青藏高原，是世界上少有的高原型猪种，也是我国宝贵的地方品种资源。

藏猪体型小，头嘴尖，头狭额面直，无皱纹，耳小直立，身躯窄，背腰稍凸，后躯较前躯略高，四肢结实紧凑，适宜爬坡，善于奔跑，视觉发达，被毛多黑，少量棕毛，部分猪额部、肢端、尾尖白色，鬃毛长而密，并有大量绒毛，嗅觉灵敏而便于觅食，能逃避兽敌和抵御严寒。

成年猪一般在 25～33kg，母猪重于公猪，一般体高 40～50cm，体长 85cm 左右，母猪一般有 5～6 对乳头。4～6 月龄性成熟，母猪一般年产一窝，初产母猪平均产仔 4.78 头，二胎 6.03 头，经产 6.43 头。育肥猪增重缓慢，12 月龄体重 20～25kg，24 月龄时 35～40kg。平均体重 48.62kg，屠宰率 66.6%，胴体中瘦肉率 52.55%、脂肪率 28.38%。

藏猪公猪

藏猪母猪

四、国外引入品种

我国引进的国外优良品种猪主要有长白、大约克夏（大白猪）、杜洛克、汉普夏猪，少量引进的猪种有斯格、法国大白、皮特兰、比利时长白、克米格夫猪和迪卡“杂优猪”等。这些猪种具有高生长速度、高瘦肉含量和高饲料利用效率等优点，对加速我国猪种的改良和提高养猪生产效率起到了重要作用。

1. 长白猪

长白猪原产于丹麦的兰德瑞斯，是世界上第一个育成的、分布最广、最著名的瘦肉型品种。它是用丹麦本地猪与英国大白猪杂交，经过长期系统选育形成的，现在分布于世界各地。

长白猪全身被毛白色，头小清秀，颜面平直，两耳向前平伸略下耷，体躯长，背微弓，腹平直，腿臀肌肉丰满，四肢健壮，整个体形呈前窄后宽流线形。有效乳头6~8对，成年母猪体重300~400kg，成年公猪体重400~500kg。

在良好的饲养条件下，生长发育迅速，6月龄体重可达90kg以上。体重90kg时屠宰，屠宰率为70%~78%，胴体瘦肉率为55%~64%。母猪性成熟较晚，6月龄达性成熟，10月龄可开始配种。母猪发情周期为21~23天，发情持续期2~3天，初产母猪窝产仔数9头以上，经产母猪窝产仔数12头以上，60日龄窝重150kg以上。

长白猪公猪　　长白猪母猪

2. 大约克夏猪

大约克夏猪又叫大白猪，原产于英国的约克夏郡及其邻近地区，是世界著名瘦肉型品种。由于该种猪体格大、生长快，瘦肉率高，肢蹄健壮，母性较好，泌乳性能好，生育能力较强，相对而言稍耐粗，在我国各地都能适应。所以，在实际工作中常利用大约克夏猪作祖代母本。目前在我国影响比较大、性能比较好的有从英国引进的英系大约克夏猪、从丹麦引进的丹系大约克夏猪和从加拿大引进的加系大约克夏猪。

大约克夏猪公猪　　大约克夏猪母猪

大约克夏猪体格大，体型匀称，全身被毛白色，头颈较长，颜面微凹，耳薄大、稍向前直立，身腰长，背平直而稍呈弓形，腹平直，胸深广，肋开张，四肢高而强健，肌肉发达，有效乳头 6 ~ 7 对，成年母猪体重 230 ~ 350kg，成年公猪体重 300 ~ 500kg。

大约克夏猪母猪性成熟较晚，一般 6 月龄达性成熟，8.5 ~ 10 月龄可开始配种，发情周期为 20 ~ 23 天，持续期为 2 ~ 3 天，适应性强，繁殖力好，初产母猪窝产仔数 9 头以上，经产母猪窝产仔数 12 头以上。在良好的饲养条件下，生长发育迅速，6 月龄体重 90kg 以上。体重 90kg 时屠宰，屠宰率为 71% ~ 73%，胴体瘦肉率为 60% ~ 65%。

3. 杜洛克猪

杜洛克猪原产于美国东部，最早为脂肪型猪，后经选育成瘦肉型品种猪，也是世界四大著名猪种之一。该种猪以全身红毛色为突出特征，色泽从金黄色到棕红色，色泽深浅不一。最近几年，我国引进的杜洛克猪主要有台系杜洛克猪、加系杜洛克猪、丹系杜洛克猪和美系杜洛克猪。

杜洛克猪母猪一般在 6 ~ 7 月龄开始第一次发情，发情周期为 21 天左右，发情持续期为 1 ~ 2 天。初产母猪窝产仔数 9 头左右，经产母猪窝产仔数 10 头左右。在良好的饲养条件下，生长发育迅速，育肥期日增重 950 ~ 960g，140 日龄左右体重达 95kg。90kg 屠宰时，屠宰率为71%～73%，胴体瘦肉率为60%～66%。但因其繁殖能力不如其他几个国外猪种，故在生产商品猪的杂交中多用作三元杂交的终端父本，或二元杂交的父本。

杜洛克猪公猪　　杜洛克猪母猪

4. 汉普夏猪

汉普夏猪原产于美国肯塔基州，是北美分布较广的一个品种。1949年以前，我国曾引进过少量的汉普夏猪，但未能保存下来。1983年，我国再次引入少量汉普夏猪，目前没有重新引入，故其数量和利用远不如长白猪、大约克夏猪和杜洛克猪。

汉普夏猪公猪

汉普夏猪母猪

汉普夏猪体型大，毛色特征突出，被毛黑色，最突出的特征是其环绕在肩部和前腿上的白带，在白色与黑色边缘，由黑皮白毛形成一灰色带，故有“银带猪”之称。头大小适中，颜面直，耳向上直立，中躯较宽，背腰粗短，体躯紧凑，呈拱形。背最长肌和后躯肌肉发达。性情活泼。

汉普夏猪成年公猪体重315～410kg，母猪250～340kg。母猪繁殖力不高，产仔数一般在9～10头。在良好的饲养条件下，6月龄体重可达90kg，日增重600～650g，饲料利用率3.0左右，90kg体重屠宰率为71%～75%，胴体瘦肉率为60%～62%。由于其母性好，体质强健，生长快，较早熟，在杂交配套生产体系中可用作终端父本，也可作母本。

5. 皮特兰猪

皮特兰猪原产于比利时国家的布拉帮特省，是由法国的贝叶杂交猪与英国的巴克夏猪进行回交，然后再与英国的大约克夏猪杂交育成的。

皮特兰猪公猪　　皮特兰猪母猪

该种猪毛色呈灰白色，并带有不规则的深黑色斑点，偶尔出现少量棕色毛。头部清秀，颜面平直，嘴大且直，双耳略微向前；体躯呈圆柱形，腹部平行于背部，肩部肌肉丰满，背直而宽大，体长1.5～1.6m。屠宰率为76%，瘦肉率可高达70%。

在较好的饲养条件下，皮特兰猪生长迅速，月龄体重可达90～100kg，日增重750g左右。公猪一旦达到性成熟就有较强的性欲，采精调教一般一次就会成功，射精量250～300mL/次，精子数3亿个/mL。母猪的母性不亚于我国地方品种，母猪的初情期一般在190日龄，发情周期为18～21天，窝产仔数10头左右，窝产活仔数9头左右，仔猪育成率在92%～98%。

6. 迪卡配套系猪

迪卡配套系猪是美国迪卡公司培育出来的优秀配套系猪，包括原种猪（GGP）、祖代种猪（GP）、父母代种猪（PS）以及商品代肉猪。

该配套系具有产仔数量多（初产11.7头，经产12.5头），生长速度快（肥猪达90kg小于150天），采食抓膘能力强（饲料效率2.8∶1），胴体瘦肉率高（大于60%），肉质好（无PSE肉），适应性强，抗应激强，体质结实，群体整齐度高等突出优点。

任何代次的迪卡猪种均具有典型方砖型体型，背腰平直、肌肉发达、腿臂丰满、结构匀称、四肢粗壮、体质结实、生长速度快、饲料转化率高、屠宰率高及群体整齐的特征。

购买迪卡种猪一定要到正规的迪卡种猪场，特别防止迪卡商品猪充当种猪；体型外貌要符合迪卡猪的标准，迪卡猪的突出特点是后躯发达，四肢粗壮，背宽，肉眼一看就觉得产肉量多；无论公母猪，外生殖器发育正常，母猪有效乳头数6对以上，排列整齐；健康状况良好，符合《中华人民共和国动物防疫法》的规定。

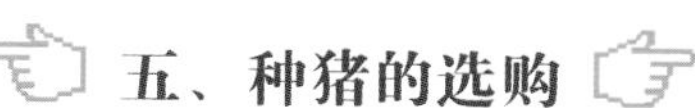

五、种猪的选购

1. 选购种猪的标准

在选购种猪时，要注意以下标准：

1）健康无病，无外伤、无疫病、无皮肤病表现。

2）无遗传疾患，主要指阴囊疝、脐疝、隐睾、瞎乳头、六趾。

3）符合品种外貌特征。如长白猪具有头型小，耳前倾，被毛白色，四肢结实等特点；大约克夏猪具有头较大，耳形直立，被毛白色，四肢结实等特点；杜洛克猪具有头适中，耳形半垂半立，被毛呈红棕色，四肢粗壮等特点；民猪具有头中等大小，面直长，耳大下垂，被毛全黑，体躯扁平，背腰狭窄，臀部倾斜，四肢粗壮等特点；太湖猪具有头大额宽，耳大下垂，被毛全黑或青灰色，四肢稍高、结实等特点。

4）其他特殊标准。如生殖器官发育正常，公猪睾丸大小整齐、均匀一致；对已经进入繁殖年龄的公猪，要求精液质量良好；母猪不能有瞎乳头，乳头排列均匀，有6对以上，阴门明显，没有损伤。

2. 选购育肥猪的标准

要想养好育肥猪，提高经济效益，选购瘦肉型仔猪进行育肥时，要注意以下几方面的问题：

1）选择优良的瘦肉型杂交猪。对于经济实力稍差一些的专业场（户），可利用本地优良母猪与引进的优良瘦肉型猪种进行杂交，即采用长大本、杜大本等杂交后代生产商品猪，称之为土三元或内三元仔猪，进行育肥。

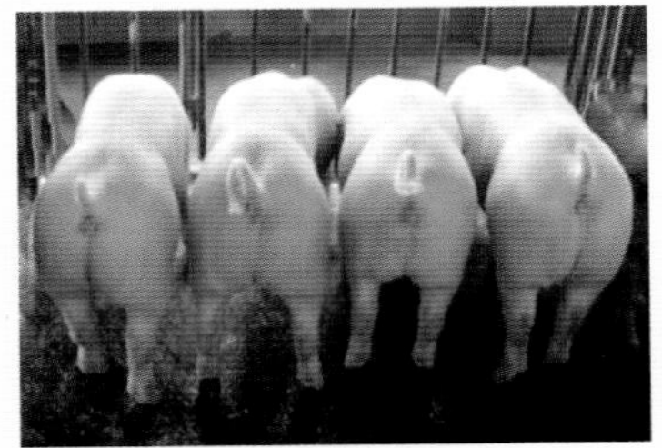

对于经济条件好的或实力雄厚的专业场（户），可利用引进的国外优良瘦肉型品种，即采用杜长大、杜大长等杂交后代的洋三元仔猪进行肥育。

杜长大杂交商品猪

2）要看体型外貌特性。

一般身腰长、腰细、四肢稍高而粗壮、臀部（屁股）丰满、毛细、嘴长、耳稍大向前平伸或斜立的仔猪，多属于瘦肉型猪或良种杂交猪。

瘦肉型杂交商品猪

3）挑选健康无病的猪。

一般来说，凡眼神好，反应快，被毛发亮，精力旺盛，活泼，常摇头摆尾，叫声清脆，排粪成团、无特殊异味的都是健康猪。

4）要挑选同窝猪。

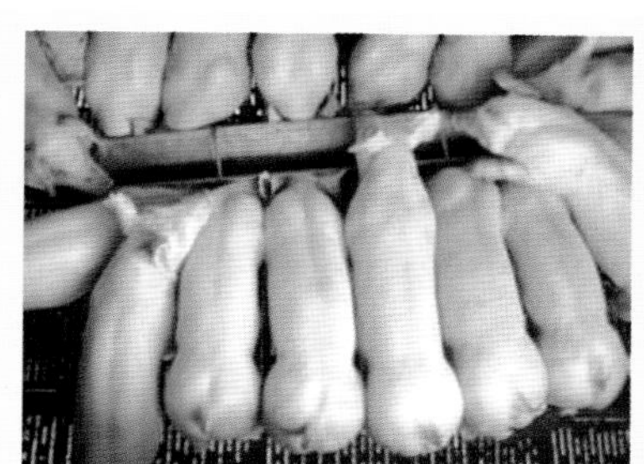

如一次购买几头仔猪，最好是挑选同窝猪，因为，同窝猪有共同的生活习惯，购入后放在一起好饲养，应激小，不会发生互相殴斗、追咬，而且生长快。

5）就近选购。

选购仔猪时最好到附近熟悉的猪场购买，一是运输方便，二是对猪场防疫及繁殖情况比较了解。要注意避免近交繁殖，更不能用杂种与杂种进行再杂交乱配。

第三章

猪的繁殖与经济杂交

一、猪的繁殖生理

猪是常年发情的多胎高产动物，一年能分娩两胎，若缩短哺乳期，科学饲养母猪，可以达到两年五胎或一年三胎。

1. 种公猪的繁殖生理

（1）种公猪生殖器官的组成

种公猪生殖器官：
- 性腺（又称主性器官）——睾丸
- 输精管道：附睾（分头、体、尾部）、输精管、尿生殖道（骨盆部和阴茎部）
- 副性腺：精囊腺、前列腺、尿道球腺

种公猪生殖器官组成示意图

（2）解剖特点

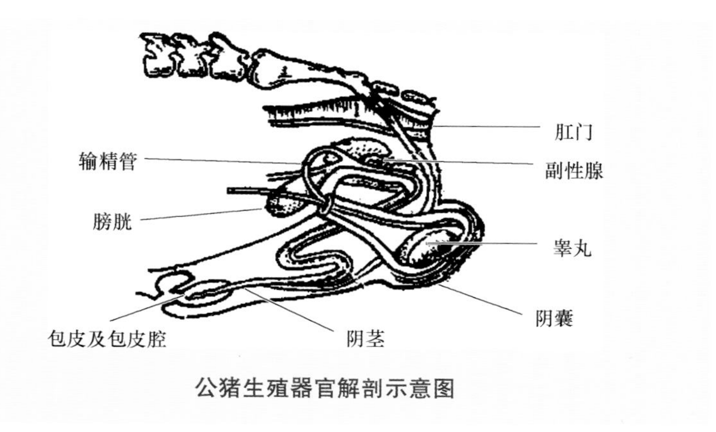

公猪生殖器官解剖示意图

1）睾丸。

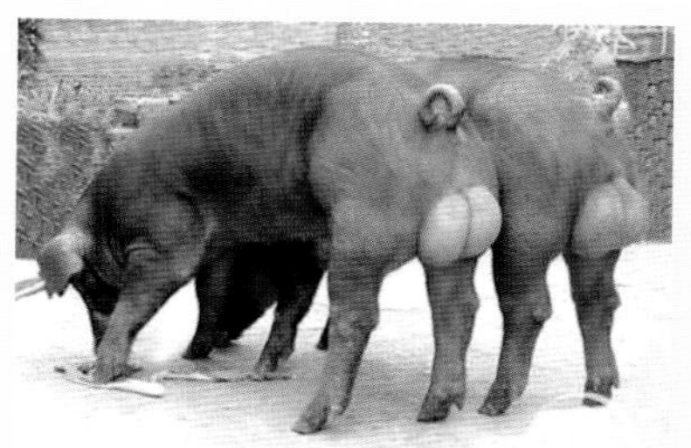

种公猪的睾丸较大，中国地方猪种 500g 左右，国外育成品种 1000～1200g。其生精机能强于其他动物，每克睾丸组织每天可产生精子 2400 万～3100 万个。

种公猪的睾丸

2）输精管。绝大多数家畜输精管末端在进入尿生殖道骨盆部前有输精管壶腹部（可在射精前暂存精子，又有一定分泌功能），猪则没有壶腹部（见图），射精时精子持续不断地由附睾尾收缩挤压直接进入尿生殖道。

3）副性腺。猪的三组副性腺比较发达，其射精量也远远高于其他动物。

如图所示，猪的输精管末端没有输精管壶腹部，精囊腺和尿道球腺最为发达。包皮腔特别长，且背侧有盲囊，称为包皮憩室。

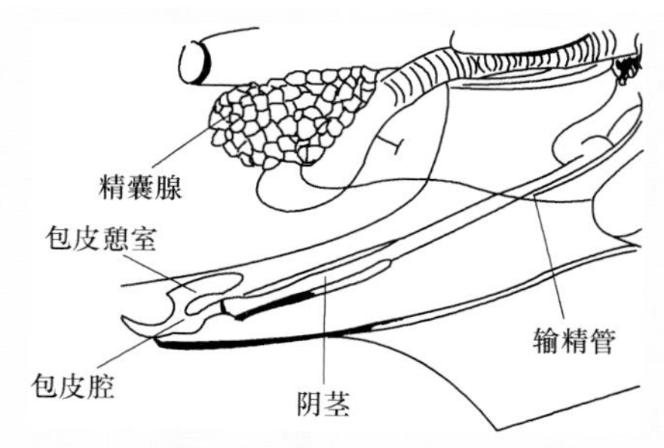

种公猪副性腺示意图

4）包皮及包皮腔。猪的包皮憩室内常常聚集带异味的浓稠液体，是精液的重要传染源。

5）阴囊。阴囊紧靠两股间的会阴区，睾丸位置更靠近腹部，在气温高的季节，不利于调节睾丸的温度，容易出现死精、弱精。

（3）种公猪的初情期、性成熟与适配年龄

1）初情期。不同品种猪初情期早晚差异很大。中国优良地方种猪，如内江猪、荣昌猪、太湖猪等，在 72 ~ 90 日龄，而引进育成品种，如大约克夏猪、长白猪、汉普夏猪等为 150 ~ 180 日龄。

猪的初情期是指公猪出现爬跨行为，阴茎能部分伸出包皮鞘，能首次射出少量精液的时期。此时期的射精量小，精子稀薄，畸形率较高。

2）性成熟。

性成熟是指公猪生殖器官发育完善，具备典型的第二特征，性机能成熟，能产生正常的精液（成熟的精液），一旦与母猪交配即能使母猪正常受孕的时期。

性成熟是一渐进的发育过程，初情期可视为性成熟的起点，经过一定的时间后逐渐达到性成熟。中国地方猪种为 3 ~ 4 月龄，国外培育品种一般为 6 ~ 7 月龄。

3）适配年龄。又称初配年龄。性成熟的公猪，不宜立即用于采精或自然交配。过早配种会影响种公猪的生长发育，缩短利用年限。宜在性成熟后，体成熟前的一定时期进行。

中国地方品种 7 ~ 8 月龄，体重达 50 ~ 60kg；大型培育品种 10 ~ 12 月龄，体重达 120kg 以上开始配种为宜。

4）繁殖机能衰退期。公猪 1.5 ~ 4 岁时繁殖机能最强，性欲旺盛，射精量大。随着年龄的增大，繁殖机能逐渐减衰，其有效利用年限较母猪短，一般 6 ~ 8 岁以后宜淘汰。

2. 种母猪的繁殖生理

（1）母猪生殖器官的组成

母猪生殖器官
- 性腺（又称主性器官）——卵巢
- 生殖管道：包括输卵管、伞、漏斗部、壶腹部和峡部、子宫（子宫角、子宫体、子宫颈）、阴道
- 外生殖器官：包括尿生殖前庭、阴唇和阴蒂

母猪生殖器官组成示意图

（2）解剖特点

1）卵巢。母猪卵巢形态和大小随年龄和繁殖生理状态有很大变化。初生仔猪似肾形，表面光滑。

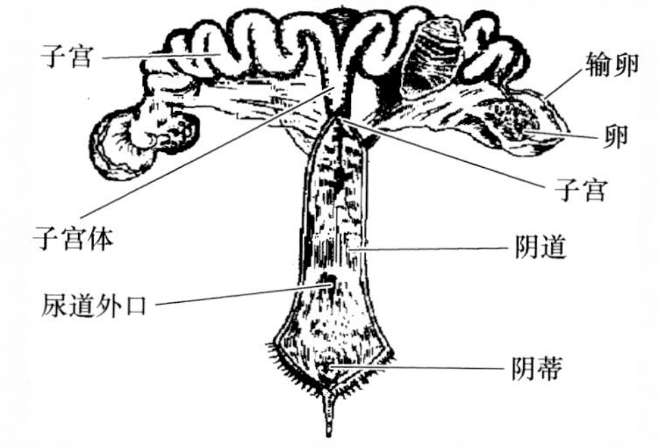

性成熟后，由于有多个卵泡发育，卵巢形似桑葚。排卵后的间情期或妊娠期由于有多个黄体凸出于卵巢表面而凹凸不平，又像一串葡萄。

母猪生殖器官解剖示意图

2）子宫角、子宫体与子宫颈。猪是多胎动物，胎儿主要孕育在子宫角中，所以子宫角比较长，经产母猪可达1.5～1.8cm。

3）阴道和外生殖器。母猪阴道较短，约10cm。阴道前庭部（从尿道开口处起到阴门裂）前高后低，黏膜下层有大小前庭腺，发情时分泌物增多而显得湿润，对阴道以内的生殖道起着保护作用。母猪发情时阴蒂充血肿胀，阴道黏膜发红，十分敏感。

（3）种母猪的初情期、性成熟与适配年龄

1）初情期。母猪首次出现发情或排卵称为初情期。初情期整个生殖器官尚未发育完善，所以不具备受孕的条件。中国地方猪种初情期出现早，为67～75日龄，引进国外育成品种5～6月龄。

2）性成熟。母猪初情期以后，生殖器官逐渐发育完善，能产生正常的生殖细胞，一旦与公猪交配即能正常受孕，这个时期称为性成熟。中国地方猪种性成熟早，一般为3～4月龄；国外引进培育品种性成熟较晚，一般为6～7月龄。

3）适配年龄。中国地方品种成熟早，可在6～7月龄、体重达50～60kg配种，国内培育品种及杂交种可在8～9月龄、体重达90～100kg配种；国外引进品种在8～10月龄、体重达100～110kg配种。

二、母猪的配种

1. 母猪的发情鉴定

根据母猪发情期内的外观征状，可以把它分为四个时期：发情初期、高潮期、适配期、低潮期。

（1）发情初期

发情前期母猪阴户肿胀，黏膜湿润，外观上主要表现出性兴奋、爬圈或爬跨其他猪等行为。

母猪发情初期爬跨其他猪

（2）高潮期

发情高潮期母猪表现更兴奋不安，鸣叫，在圈内起卧不安，阴户及阴蒂肿胀更加明显，频繁排尿，爬圈或爬跨同圈母猪。但不会安静地接受爬跨。

母猪发情高潮期阴户变化

（3）适配期

适配期母猪神情表现呆滞，阴户肿胀度减退，出现皱褶，黏膜颜色紫红或暗红，黏液变稠。按压母猪腰荐部时，表现安静不动（又称静止反射），这就是适配期。

母猪发情适配期静止反射

（4）低潮期　行为、食欲恢复正常，阴户收缩，红肿消失，拒绝公（母）猪爬跨，发情逐渐终止。

2. 适时配种

若以母猪安静地接受公猪爬跨为标准，则从安静地接受爬跨至拒绝爬跨所持续的时间为发情期。以此为标准，猪发情期为48～72h。初产母猪发情持续期较长，老龄母猪较短。

3. 配种方法

（1）重复配种

母猪在一个发情期内，用不同品种的两头公猪或同一品种的两头公猪，先后间隔10～15min各配种一次

（2）双重配种

母猪在一个发情期内，用同一头公猪先后配种2次。一般在发情开始后20～30h第一次配种，间隔8～12h再配种一次。

（3）多次配种

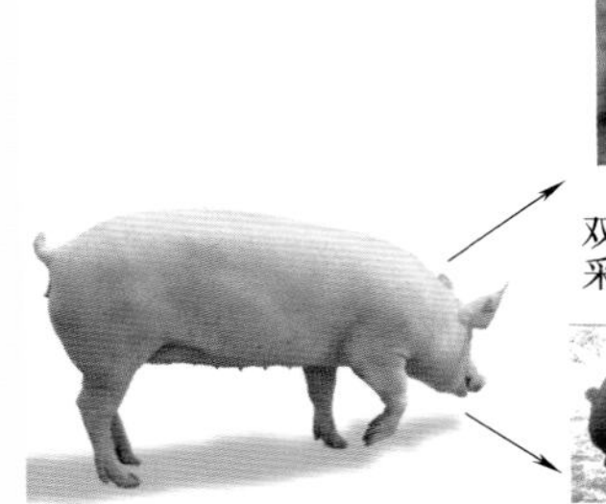

双重配种：即在母猪一个发情期内，连续采用双重配种方式配种几次。

三次配种：即在母猪一个发情期内连续配种3次(间隔12h、24h和36h)。

实践证明：母猪在一个发情期内采用上述三种配种方式，产仔数比单次配种提高10%～40%。

三、猪的人工授精

猪人工授精是指用人工辅助器械采取公猪精液，经过试验室检查、处理和保存，再用器械将公猪精液输入到发情母猪生殖道内的一种配种方法。

母猪人工授精示意图

1. 人工授精的优点

（1）可以提高优良公猪的利用率，加速猪种改良

（2）可以少养公猪，节省饲料　人工授精时，一头公猪可顶10多头本交的公猪使用。一头公猪一年需要喂给500～700kg配合饲料，10头公猪的饲料一年可养出30～40头肥猪。

自然交配时，一头公猪一次只能和一头母猪交配。而人工授精，一头公猪一次的采精量经过稀释后，可以给10多头发情母猪输精。

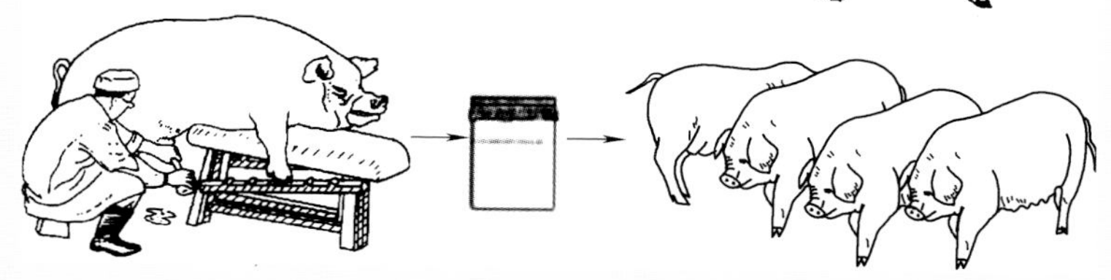

人工授精与自然交配的比较

（3）可以克服公、母猪大小悬殊造成的困难

猪本交时常因公、母猪体重、体格悬殊而造成配种困难，甚至会损伤母猪的身体。而采取人工授精技术，就可避免类似事情的发生。

（4）可以扩大配种范围

将保存好的精液送到较远的地方去给母猪配种，能有效地解决公猪不足地区母猪的配种问题，既扩大了配种范围，同时还有利于杂交改良工作的开展。

新鲜精液保存罐

（5）防止疫病的传播

（6）便于采用重复交配和混合输精等先进的繁殖技术　采用人工授精，输精前精液都需要经过检查，只有合格的精液才能用于输精。

采用人工授精时，公、母猪不直接接触，可防止疾病的传播，特别是可有效地防止生殖器官疾病的传播。

2. 种公猪的选择

（1）选择优良品种 应选择来自种猪场、有档案记录，经选育生长速度快、饲料利用率高、酮体品质好的优良公猪，最好是选择外来品种如杜洛克、长白猪、大中型约克夏的后代作为种公猪。

（2）外表特征要基本符合该品种的要求 所选种猪整体结构要匀称，身体各部分间的结合良好，符合该品种的要求。

种公猪要求四肢强健，结实，行走时步伐大而有力，胸部宽深丰满，背腰部长且平直、宽阔，腹部紧凑，不松弛下垂。后躯充实，肌肉丰满，睾丸发育正常，大而明显、匀称。

（3）有正常的性行为

种公猪除了睾丸、乳房等发育正常外，还应具有正常的性行为，包括性成熟行为、求偶行为、交配行为，而且性欲要旺盛。

种公猪爬跨其他猪

（4）种公猪要健康无病 所购种公猪必须来自一个健康的群体，购入种公猪后要先隔离饲养观察，检查其健康状况，待适应猪场环境，证明无病后再投入使用。

3. 种公猪的调教

（1）调教时间 后备公猪6～7月龄、体重在120kg左右时开始调教，较7月龄后再进行调教成功率提高；每次进行公猪调教时间不宜太长，一般在15～20min为最佳。

（2）观察学习

让受训公猪隔栏观看采精公猪的爬跨和采精过程，使其对此过程有一个感观的认识。收集发情母猪尿液或公猪精液、尿液喷洒于假台畜上，诱导种公猪爬跨假台畜。

种公猪观察公母猪配种

（3）模仿实践 找一头正在发情的母猪，给母猪身上覆盖一个麻袋，让种公猪爬跨，当种公猪性欲达到最高潮时，赶走发情母猪，将麻袋等物覆盖在假台猪上诱导种公猪爬跨。

将撒上母猪尿的麻袋或母猪皮覆盖在假台猪上，诱导种公猪主动进行爬跨。

（4）重复动作定型 种公猪初次调教成功后，经过一个星期左右的重复调教，就会形成固定的条件反射，当再遇到假台猪时，一般都会做出舔、嗅和咬假台猪等动作，经过一段时间的亲密接触和培养感情后就会主动爬跨假台猪。

(5) 饲养管理 调教过程中每周采精 1～2 次，控制公猪的生长和体重不能过肥和偏瘦。根据体况，每天饲喂 2.5～3.5kg 的猪料，采精时千万不可敲打受训公猪，手法要轻巧，动作不可粗鲁。

4. 采精技术

采集种公猪精液的方法主要有假阴道采精和手握（徒手）采精法两种。目前常用徒手采精法采精。

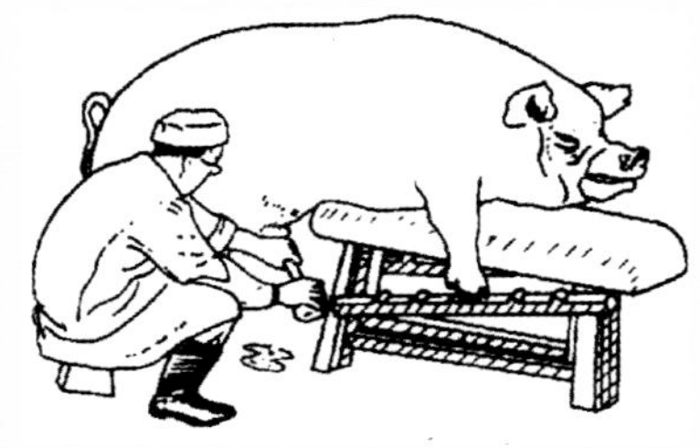

徒手采精法不需要更多设备，此种方法可灵活掌握公猪射精所需要的压力，操作较为简便，且精液品质好，是当前较广泛使用的一种采集精液的方法。

徒手采精法示意图

采精的方法步骤及要领：

(1) 采精室的准备 给公猪采精要在单独的采精室内进行，而不是在公猪圈内操作，最好让公猪在假母猪上工作，而不是在发情的母猪上工作。

采精室面积大约为 3m × 3m，应在四周用直径为1.6cm 的钢管来制作保护栏，其高度为 0.75m，其间隔为 0.3m；保护栏应距采精室的墙壁 0.6～0.9m，以便采精员能躲藏到栏后，集精瓶等可临时放在栏后。

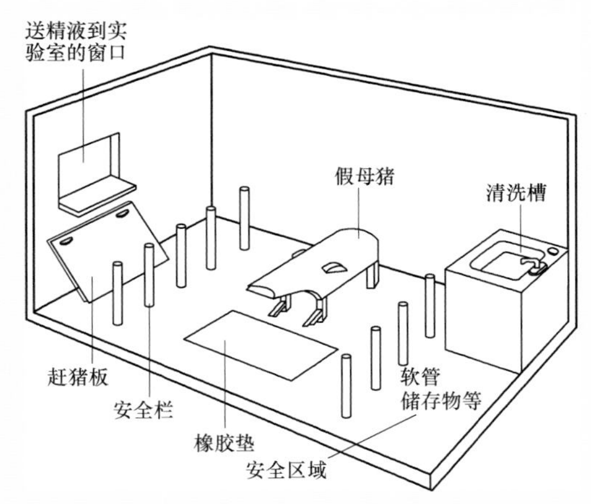

采精室的布局示意图

公猪有时也是很危险的动物，因此，在修建采精室时，要考虑到人员和公猪的安全。尤其是经常同公猪接触的管理人员，对公猪的管理绝不能掉以轻心。如采精室内要设立保护栏，采精区域的地面不能打滑，假母猪要稳定（最好固定在采精室的中间），采精室要保持清洁干净、安静。

（2）采精所用器械用具

采精前先消毒好所用的器械，并用 4～5 层纱布放在采精杯上备用。采精者剪平指甲，洗净、消毒、擦干或戴上消毒过的软胶手套，再穿上清洁的工作服，然后进行采精。

采精前器械准备示意图

（3）采精要领

1）握。采精员蹲在假母猪的右后方，待公猪爬上假母猪，应立即按摩公猪包皮排出包皮积液，然后用0.1%高锰酸钾水溶液擦洗公猪的包皮和污物，并用清洁毛巾擦干。

在公猪出现性欲高潮伸出阴茎时，采精员应立即用左手或右手（手心向下）握住公猪阴茎前端的螺旋部，握的松紧度以不让阴茎滑落为准(箭头示阴茎进入方向)。

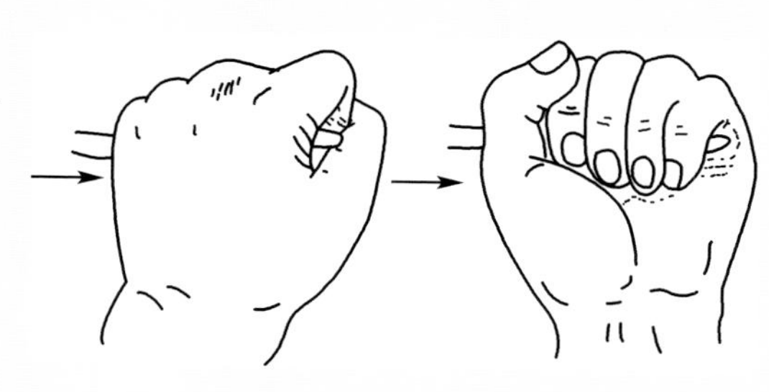

手握采精法示意图

2）拉。

采精员抓住公猪的阴茎，仅让龟头露在小指头外，继续抓紧直到阴茎勃起、龟头变得坚挺，随着公猪阴茎的抽动，顺势小心地把阴茎全部拉出包皮外。

3）擦。拉出阴茎后，将拇指轻轻顶住并按摩阴茎前端，可增加公猪快感，促进完全射精。

4）收。当公猪静伏射精时，左手应有节奏地一松一紧地捏动，以刺激公猪充分射精。

采精时，一般先去掉最先射出的混有尿液等污物的精液，待射出乳白色精液时，再用左手持集精瓶收集。当排出胶样凝块时，用手排除掉。

采精完成后，顺势将阴茎送入包皮内，将公猪从假母猪身上赶下来。弃掉采精杯上的滤纸，把采精杯送入实验室。

5. 原精品质检查

为了保证输精后有较高的受胎率和产仔数，每次采精后和输精前必须到人工授精实验室进行精液检查。

评定精液品质的主要指标如下：

（1）射精量 过滤后的精液数量叫射精量，一般为 200 ~ 300mL，最高可达 400 ~ 500mL。

（2）精液的颜色

正常精液为乳白色或灰白色。如混有尿液的呈黄褐色，混有血液的呈淡红色，混有脓汁的呈黄绿色，混有絮状物的则表示公猪患有副性腺炎症，这些精液都不能用于输精。

（3）精液的气味和酸碱度

正常的精液有一种特殊的腥味，新鲜精液较浓。若带有臭味，均属于不正常精液。用玻璃棒蘸取少许精液于酸碱试纸上，对照比较，正常精液的 pH 为 6.9～7.5。pH 超过或低于这一范围的，均不能用。

（4）精子密度　精子的密度是指一定容积内精子数量的多少，一般多采用估测法。

如下图所示，检查精子的密度时，先滴一滴精液在载玻片上，轻轻盖上盖玻片，在 300 倍左右的显微镜下观察，如果整个视野中布满了精子，则表示为“密”；若视野中精子之间距离较宽，均为一个精子的长度，则表示为“中”；若在视野中精子分布较稀，空隙很大，精子间的距离超过一个精子的长度，则为“稀”。

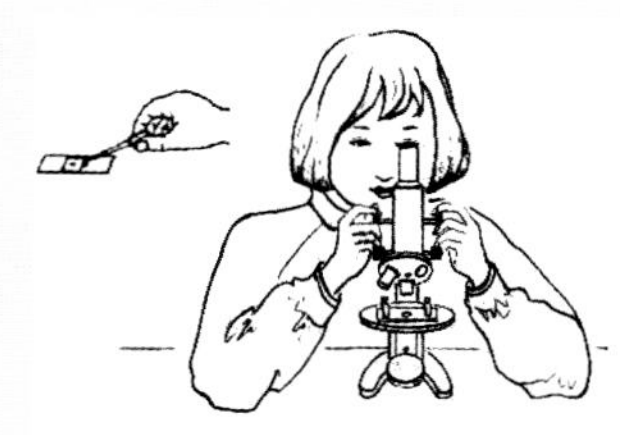

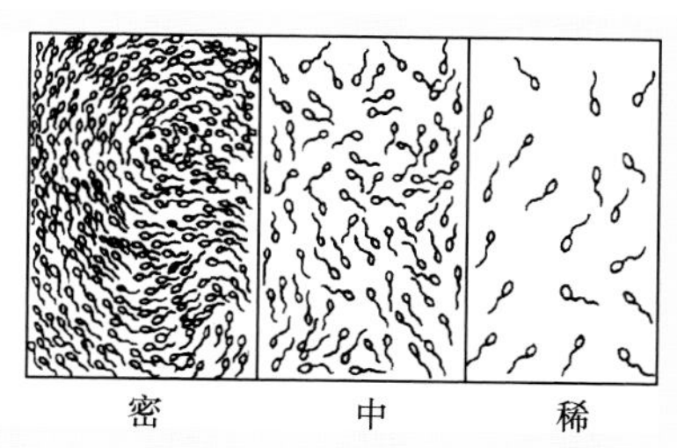

（5）精子活力　指精子活动的能力。一般是根据显微镜下呈直

线前进运动精子所占全部精子的百分比来表示精子活力的。

检查方法：先在载玻片上滴一滴精液，盖上盖玻片（注意不要产生气泡），然后置于300倍左右的显微镜下进行观察。

显微镜下观察，呈直线前进运动的精子愈多，精子的活力愈强，输精后受胎率愈高。活力低于0.6级（60%作直线运动），畸形精子超过10%的精液一般不用。

6. 精液的稀释和保存

精液稀释的种类很多，如葡萄糖—柠檬酸—卵黄稀释液。其制作方法：葡萄糖5g、柠檬酸钠0.5g，加蒸馏水至100mL混匀过滤，煮沸消毒后冷却至25～27℃，用消毒过的注射器吸取卵黄15mL注入稀释液中，充分摇匀即成。此外，还有5%葡萄糖稀释、葡柠稀释液、葡柠碳乙卵液、密—卵稀释液等，所用稀释液必须现用现配。

由于猪的精液中含有胶状物，采精后应先用消毒纱布过滤，过滤后再稀释使用。

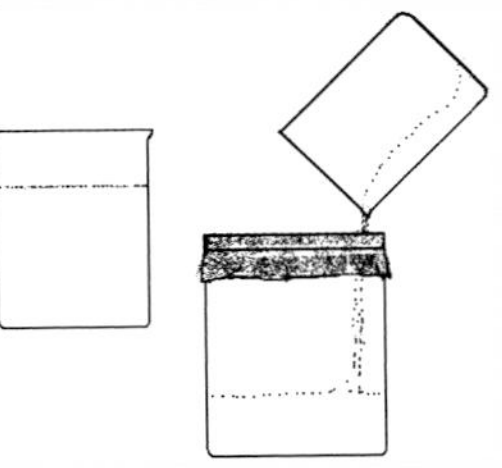

精液过滤示意图

稀释过程中要注意：稀释液的温度与精液温度要相等。稀释时，将稀释液沿杆壁徐徐加入，要求与精液混合均匀，切勿剧烈震荡摇晃；要避免精液遭受阳光直射，防止药味、烟味等异常气味对精子产生不良影响；操作室的温度应保持在18～25℃；精液稀释后应立即分装保存，尽量减少能耗；猪的精液以稀释1～2倍为宜。

7. 输精操作

输精是人工授精的最后一个技术环节，也是决定人工授精技术成败的关键。

（1）输精用具

猪的输精用具一般由一只50mL注射器连接一条橡皮输精管组成。现在多使用一次性输精器具。

给猪输精的用具

（2）输精前的准备

输精人员应将指甲剪短磨光，洗净擦干。所有输精器械要进行彻底洗涤、消毒，冲洗干净。母猪外阴部也要用0.1%的高锰酸钾或1/3000的新洁尔灭溶液清洗消毒。冷冻精液必须先升温解冻，经检查合格的方可使用。

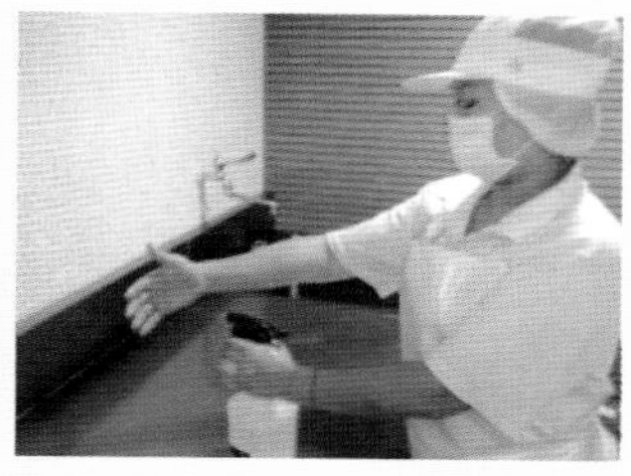

输精前手背清洗、消毒

（3）输精步骤　让母猪自然站稳，输精员用左手将母猪阴唇张开，右手持输精管，先用少许精液蘸湿阴道口，然后将输精管缓缓插入阴道，并向前旋转滑进，直到子宫颈内。

输精完毕，缓缓抽出输精管，然后用手按压母猪腰部或在其臀部拍打几下，以免母猪弓腰收腹，造成精液倒流。输精完毕，让母猪待在原栏10min后再赶到定位栏。

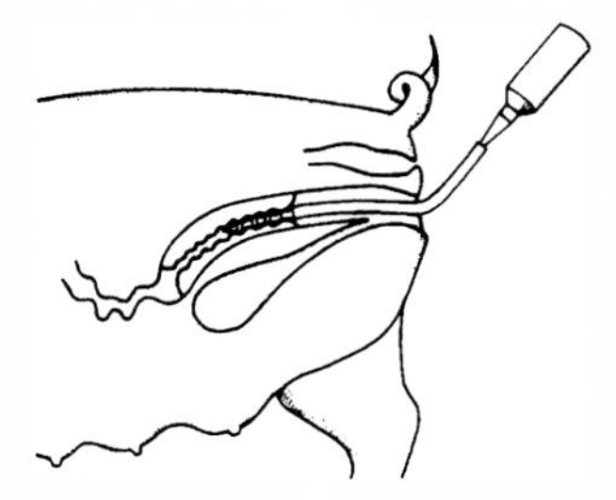

将精液管与输精管前端的螺旋体连接后，要抬高精液灌以驱使精液流入。如有精液倒流，可转动胶管，换个方向再注入子宫内。输精不宜太快，一般每次需5～10min。

母猪输精部位示意图

在输精管插入母猪阴道之前，用润滑液润滑输精管前端的螺旋体。

润滑液滴在输精管前端

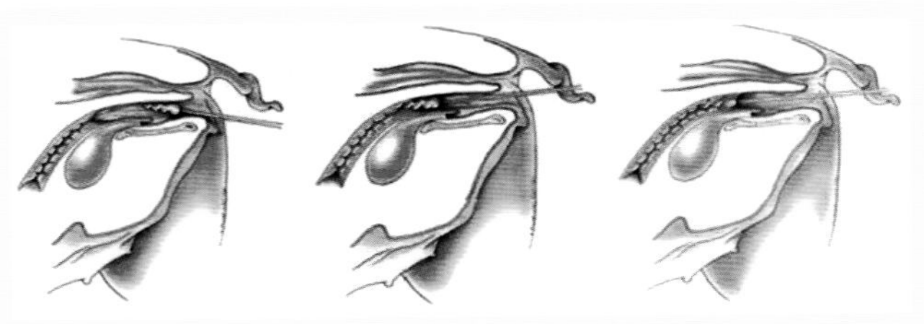

如图所示，将输精管螺旋体的尖端紧贴阴道的背部表面，逆时针方向转动螺旋体以锁住子宫颈，待插进25～30cm感到插不进时，稍稍向外拉出一点，即为输精部位，子宫颈第2～3皱褶处，然后接上输精袋进行输精。

母猪输精方法示意图

 四、猪的经济杂交 

1. 杂交的概念

杂交是指不同品种、品系或种群间猪个体间的相互交配。

2. 经济杂交的目的和意义

在生产中，为最大限度地利用猪种的遗传潜力，提高经济效益的杂交称为经济杂交。

经济杂交生产的商品猪，大都具有生命力强、长势快和饲料报酬高等显著特点。

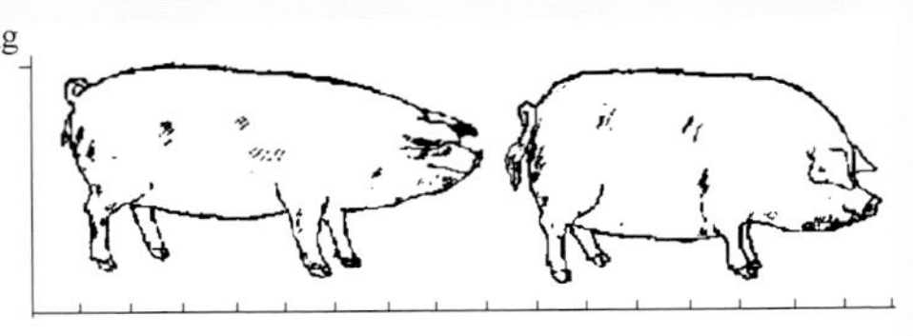

杂交猪与地方猪长势比较示意图

国内外养猪生产实践表明，猪的经济杂交在生长势、饲料效率和胴体品质方面，可分别提高5%～10%、13%和2%，而杂种母猪的产仔数、哺育率和断奶窝重，可分别提高8%～10%、25%～40%和45%。

3. 杂交亲本的选优与提纯

杂交亲本的选优与提纯是杂交优势利用的一个最基本环节。杂种必须能从亲本获得优良的、高产的、显性的和上位效应大的基因，才能产生显著的杂种优势。

选优良的亲本进行杂交

（1）选优　是指通过选择使亲本种猪群原有的优良、高产基因的频率尽可能增大。

（2）提纯　是指通过选择和近交，使得亲本种猪群在主要性状上纯合子的基因型频率尽可能增加，个体间差异尽可能减少。提纯的重要性并不亚于选优，因为亲本种猪群愈纯，杂交双方基因频率之差才能愈大。纯繁和杂交是整个杂交优势利用过程中两个相互促进、相互补充、互为基础、互相不可替代的过程。

（3）选优提纯的最佳方法　选优提纯的最佳方法是品系繁育。其优点：品系比品种小，容易培育和选优提纯、提高亲本种群的一致性，有利于缩短选育时间，提高本群体的相对一致性。

4. 杂交亲本的选择

杂交亲本分为父本和母本，因对两者的选择标准不同，故应分开选择。

（1）母本选择　一是选择在本地区数量多、适应性强、容易在基层推广的品种或品系作为母本；二是选择繁殖力高、母性好、泌乳能力强的品种或品系作母本；三是在不影响杂种生长速度的前提下，母本的体型不宜太大，以减少浪费，降低饲养成本。

（2）父本选择　应选择生长速度快、饲料利用率高、胴体品质好的品种或品系作父本。父本的类型应与杂种的要求相一致，有时，也

我国的地方猪种最能适应当地的自然条件，母猪产仔多、母性好、泌乳力强、仔猪成活率高。而且地方猪种资源丰富，种猪来源容易解决，能够降低生产成本。

中国的太湖哺乳母猪

可选用不同类型的父母本相杂交，以生产中间型的杂种。因父本的数量很少，所以，多用外来的品种作杂交父本。

一般都选择那些经过长期定向培育的优良瘦肉型品种，这些品种性状遗传力较高，种公畜的优良特性容易遗传给杂种后代，如大约克夏猪、长白猪和杜洛克猪等。

父本公猪的选择

5. 杂交方式

杂交方式有多种。目前我国养猪有 6 种杂交方式：即二元杂交、三元杂交、四元杂交、轮回杂交、二元轮回杂交和顶交。常见的有以下 3 种。

(1) 二元杂交

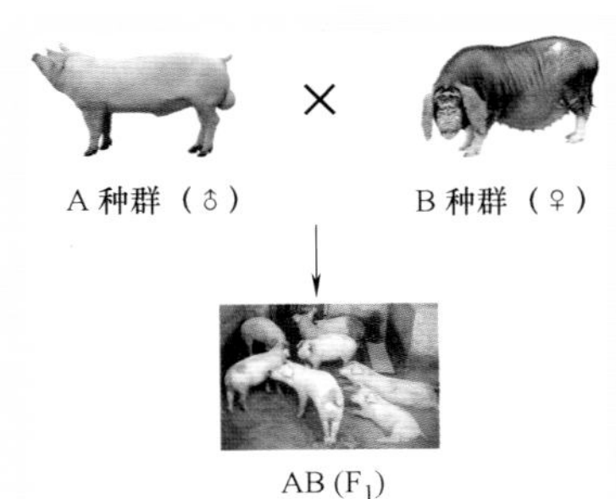

二元杂交又称单杂交或单交。是利用 2 个品种或品系的公、母猪进行杂交，杂种后代（F_1 代杂种仔猪）全部作为商品育肥猪，不再配种繁殖。

二元杂交示意图

（2）三元杂交

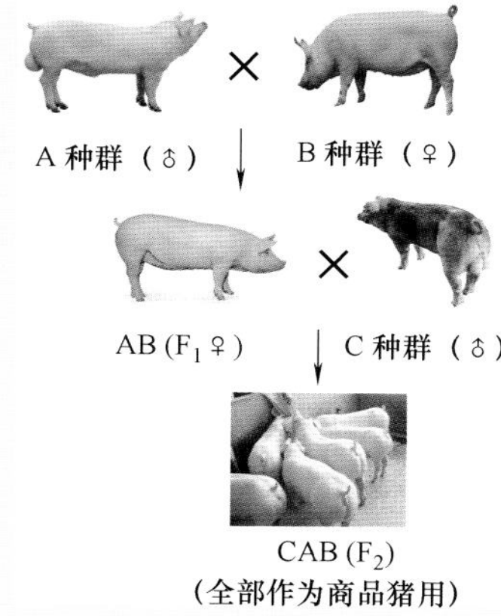

三元杂交是利用三个种猪群杂交。首先选用二个种群杂交，在获得 F_1 代杂种后，从中选择出繁殖性能优良的 F_1 代母猪个体，作为继续杂交的母本，再与第三个种群的公猪交配，第一次杂交所用的公猪品种称为第一父本，第二次杂交所用的公猪称为第二父本。第二次杂交所产生的三元杂种仔猪，无论公母，全部用作肉猪育肥。

三元杂交示意图

（3）四元杂交

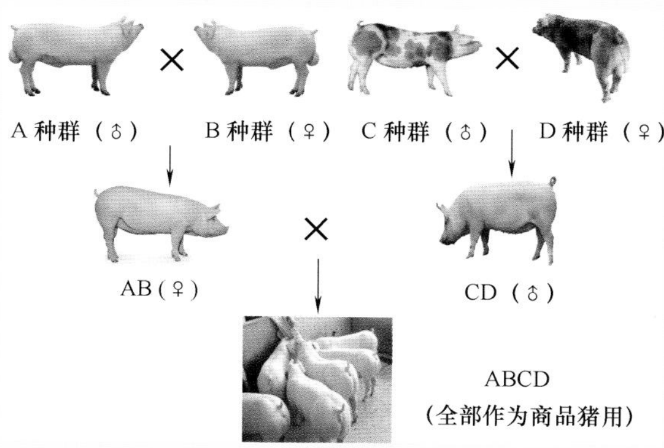

四元杂交又称双杂交，是用四个品种或品系参与，先进行两种二元杂交，产生两种杂种。然后由其中一个二元杂交后代中的公猪作父本，另一个二元杂交后代的母猪作母本，再进行一次简单杂交，产生四元杂种商品代，所得四元杂种猪全部作为商品猪育肥用。

四元杂交示意图

五、我国几个优良的杂交组合简介

（1）杜湖猪 杜湖猪是以湖北白猪为母本，与杜洛克公猪杂交所生产的商品瘦肉猪。该组合杂交方式简便，杂种优势率高，母猪繁殖力好，育肥期日增重650～780g，达90kg体重需170～180天，饲料利用率3.2以下，90kg屠宰平均产瘦肉量40kg以上，胴体瘦肉率62%以上。

（2）杜浙猪、杜三猪、杜上猪 这三个杂交组合分别以浙江中白猪Ⅰ系、三江白猪、上海白猪为母本，以杜洛克公猪为杂交父本所生产的商品瘦肉猪，该杂交组合猪日增重600g以上，饲料利用率3.2～3.4，胴体瘦肉率58%～61%。

（3）杜长太猪 杜长太猪是以太湖猪为母本，与长白公猪杂交所生F_1代，从中选留母猪与杜洛克公猪进行三元杂交所生产的商品育肥猪。该组合日增重达550～600g，达90kg体重需180～200天，胴体瘦肉率58%左右。该种猪适合当前我国饲料条件较好的农村地区饲养和推广。

（4）杜长大（或杜大长） 杜长大猪是以长白猪与大约克夏猪的杂交一代作母本，再与杜洛克公猪杂交所产生的三元杂种，是我国生产出口活猪的主要组合，也是大中城市菜篮子基地及大型农牧场所使用的组合。该组合猪日增重可达700～800g，饲料转化率3.1以下，胴体瘦肉率达63%以上，由于利用了3个外来品种的优点，体型好，出肉率高，深受中国港澳市场欢迎。但对饲料和饲养管理的要求相对较高。

（5）大长本（或长大本） 大长本猪是用地方良种与长白猪或大约克夏猪的二元杂交后代作母本，再与大约克夏公猪或长白公猪进行三元杂交所生产的商品猪。是我国大中城市菜篮子工程基地和养猪专业户所普遍采用的组合，该杂交组合猪日增重600～650g，饲料转化率3.5左右，达90kg体重需180天，瘦肉率50%～55%。

第四章

种猪的饲养管理

种猪包括种公猪和种母猪两种，饲养种猪的目的是使种猪经常保持提供大量的断奶仔猪，进一步提供较多的商品肉猪，提高经济效益。

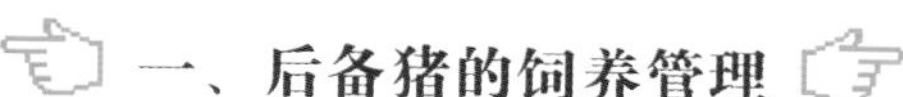

一、后备猪的饲养管理

后备猪是准备用于育种繁殖的种猪，是指 5 月龄至初次配种前（60 ~ 120kg）的种公猪和种母猪，此阶段饲养管理将直接影响到种猪的体质健康、生产性能以及终身的繁殖性能。

1. 后备猪的生长发育规律

（1）体重的增长 正常的饲养管理条件下，猪在成年以前，猪体重的绝对增长速度随年龄的增长而增大，而相对增长速度则随年龄的增长而下降，到成年时体重稳定在一定的水平。

（2）猪体组织的生长 猪体的骨骼、肌肉、脂肪的生长顺序和强度，随月龄的增长而出现规律性的变化。

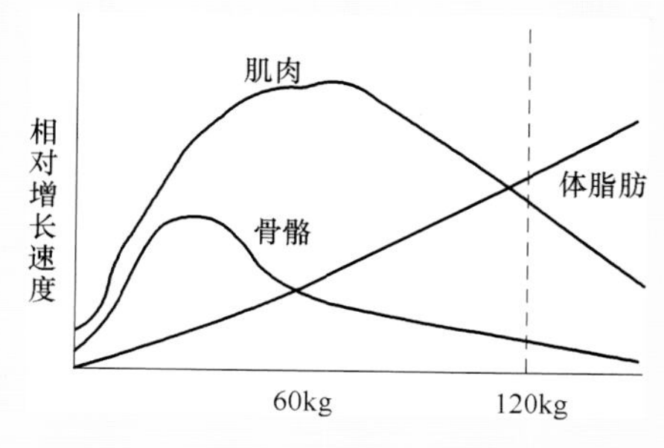

如图所示，猪的体组织生长在不同的时期和不同的阶段各有侧重。一般来说，猪体的骨骼最先发育，且最先停止；肌肉居中；脂肪前期增长很慢，后期加快。

体组织生长示意图

2. 后备猪的营养水平

后备猪日粮营养水平，由于猪的品种不同存在很大的差异（表4-1）。

表4-1 后备猪的营养水平（NRC. 1998）

	粗蛋白（%）	消化能/（MJ/kg）	赖氨酸（%）	钙（%）	总磷（%）
引进及杂交猪	17～15	12.97～12.55	0.76～0.88	0.95	0.80
国内地方品种	16～14	12.55～12.13	0.62～0.70	0.60	0.50

3. 后备猪的培育

（1）把握好营养水平 后备猪阶段宜限量饲喂，来控制其生长速度。但必须保证体质健壮，不能偏肥或偏瘦，影响将来繁殖生产。

后备母猪在8月龄左右，体重宜控制在110kg左右；后备公猪9～10月龄，体重控制在100～120kg。

后备猪的体重不宜过高或过低

（2）注意管理

1）分群。后备猪要及时分群饲养管理。

后备猪育成阶段每栏可饲养8～10头，60kg以后可饲养4～6头。每栏的饲养密度不要过大，防止出现咬尾、咬耳、咬架等现象。

后备猪的分群管理

2）运动。为了增强后备猪的体质，在培育过程中必须安排适量的运动。但注意公、母猪要分开运动。

后备猪每天都应适当运动 1～2h。可放入运动场运动，也可放入田野里或在道路上运动。放牧可使后备猪充分接触土壤，还可采食一些青草野菜，补充体内营养。

后备猪每天在场内运动

3）调教。后备母猪后期要认真做好初次发情时间的记录，便于合理安排将来参加配种时间；后备公猪 5 月龄以后开始调教。

后备公猪 5 月龄后每天可进行睾丸按摩 10min，配种使用前 2 周左右安排其进行观摩配种和采精训练。

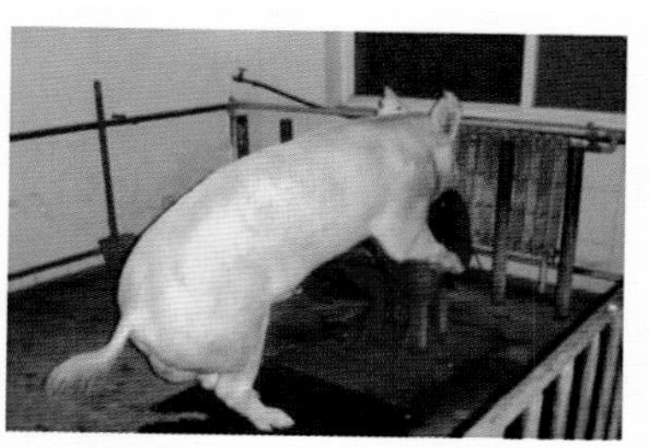

训练后备猪爬跨配种

4）定期称重。

为使后备猪稳步均匀地生长发育，每月应进行一次称重，以检验饲养效果，及时调整饲粮和日粮，按品种培育要求饲养和培育，以达到种用效果。

后备猪称重

5）其他方面。后备母猪在配种前3～5月龄要进行驱虫和必要的免疫接种工作。

4. 后备猪的选留标准与要求

选留后备猪应从优良母猪的后代中进行，优良母猪一般具有较高的繁殖性能及其相适应的遗传、生理、行为和体型等。后备猪的要求是健康、结实、器官和骨骼发育良好。

后备猪的选留

后备猪选择应注意以下几点。

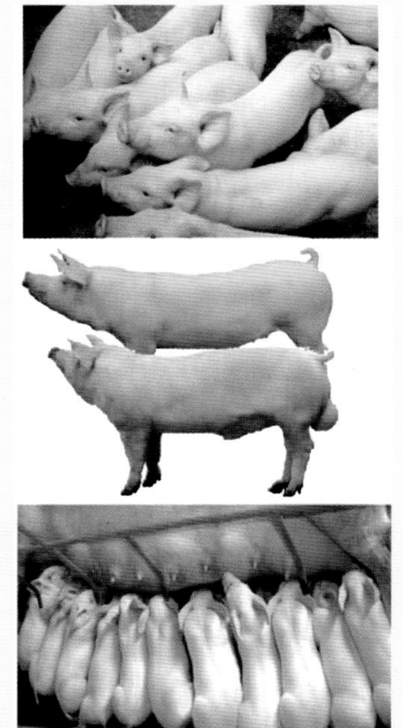

（1）健康 后备猪要来自无任何遗传疾病的家系，应是生长发育正常、精神活泼、无疾病的个体。

（2）品种特征 后备猪毛色、耳型、头型、背腰长短、提取宽窄和四肢粗细高矮等方面应符合品种要求。

（3）繁殖性能 后备猪应选自产仔多、哺乳性能强、断奶窝重大等繁殖力高的家系。

（4）外生殖器官与生殖机能 应选择外生殖器官发育正常，公猪睾丸左右对称、发育好，性欲高、精液品质良好；母猪阴户发育较大且下垂，有正常的发情周期，发情征兆明显的个体。

5. 后备猪的选留时间

后备猪从断奶到初次配种，根据不同生长发育时期特点，一般要进行5次筛选，将优异个体选留下来。

（1）2月龄或断奶时的选择 断奶时，小母猪可按预留数3～5倍、小公猪按预留数的5～8倍选留。以自身表现为主，亲代成绩为辅。先进行窝选，然后在其中选择。

窝选时，一般选择长得快，体重大，发育好，肢蹄健壮，特征明显，有6对以上排列整齐的乳头；公猪睾丸紧凑、匀称，体质外形基本符合本品种要求，没有遗传缺陷的公、母猪。

窝选后备猪

（2）4月龄时的选择 4月龄时主要是结合本身发育，以2～4月龄的平均日增重为主，当时的体重为辅，再结合其同胞的日增重及体重（要高于合群均值），参考亲代表现，淘汰那些生长发育不良、不符合要求的个体。一般要留下50%左右。

（3）6月龄时的选择 6月龄时，猪的各个组织器官已有了相当发育，优缺点更加突出明显，可按4月龄原则严格选择。

6月龄时可按4月龄原则，根据猪的体型外貌、生长发育、性成熟表现、外生殖器官的好坏、背膘厚薄等性状进行严格的选择。

6月龄时进行一次后备猪选择

（4）8 月龄时的选择 按 4 月龄选择原则根据 6 ~ 8 月龄的平均日增重，结合体长与生产性能发挥有关的外形及健康状况，再选留一次。淘汰个别性器官发育不良、性欲低、精液品质差的后备种公猪和发情周期不规律、发情征状不明显的后备母猪。此时，要求体重应达到 100kg 以上。

（5）配种前的选择 后备猪于初配前根据 8 月龄的选择办法，按预留数进行最后一次选留。后备种猪占猪群的比例，取决于基础母猪的头数和公猪的比例，在本交的情况下，公、母猪的比例一般为 1∶(20 ~ 30)。如采用人工授精，公猪的数量可大量减少，比例为 1∶(400 ~ 800)。

6. 后备猪驯致管理（表 4-2 和表 4-3）

表 4-2 后备母猪的驯致管理

序号	管理项目	内容
1	最佳生长发育控制	6 月龄：100kg 7 月龄：120kg 8 月龄：135kg
2	发情检查、记录	认真做好母猪发情记录，常在第 5 ~ 6 月龄时有初次发情现象，此期间必须每日进行发情确认工作，并做好记录
3	促情	对于迟迟不发情的母猪，可采取公猪诱情或改善环境、改善饲料、注射激素等方法促进发情
4	转群	对于体重达到 120kg、225 日龄以上、有过 2 次以上发情记录的母猪，可导入交配舍配种

表 4-3 后备公猪的驯致管理

序号	管理项目	内容
1	饲养方式	导入的后备公猪采取单体单栏饲养
2	最佳生长发育控制	7 月龄：125kg 8 月龄：140kg 9 月龄：150kg

（续）

序号	管理项目	内容
3	保持适当膘情	防止过肥而导致性欲不强、乘驾困难、肢蹄欠佳等问题，同时防止过瘦导致性成熟迟来等问题
4	促情	对于迟迟不发情的母猪，可采取公猪诱情或改善环境、改善饲料、注射激素等方法促进发情
5	转群	体重达到130kg以上，日龄在240天左右、有乘驾欲的公猪可导入交配舍配种

7. 后备种猪的饲料管理

后备种猪正处在生长发育阶段，需要提供优质的全价饲料，为了避免养的太肥，日粮中的能量应低于肥猪10%（表4-4和表4-5）。

表4-4　导入后初期的饲料管理

导入当日	不给饲料，可给予充分饮水
2天	给予正常饲喂量50%的饲料
3天	给予正常饲喂量75%的饲料
4天	在饲料或饮食中添加维生素和矿物质添加剂，以缓解运输、环境改变造成的应激反应

表4-5　导入后不同日龄段的饲料管理

日龄	体重/kg	采食量/(kg/d)	备注
110～120	<75	自由采食	
120～160	75～85	2.6	进行体型测定
160～180	85～95	2.3	
180～190	95～105	2.4	进行提醒测定，采血化验伪狂犬病（PR）、蓝耳病（PRRS）、猪瘟（HC）、口蹄疫（FMD）、布氏杆菌病等
190～200	105～115	2.2	
200～210	115～120	2.0	进行肺、脑、粪、胎盘驯致，做转入交配舍的准备

二、种公猪的饲养管理

俗话讲“母猪好，好一窝，公猪好，好一坡”。因此，选择种质好的公猪并实施科学饲养管理是提高养殖生产水平和经济效益的重要基础。

饲养好种公猪的重要性示意图

1. 种公猪的饲养

(1) 营养需要 种公猪具有精液量大、总精子数目多、交配时间长等特点。因此，需要消耗较多的营养物质。尤其是猪精液中的大部分物质是蛋白质，所以，种公猪特别需要氨基酸平衡的蛋白质饲料，以免影响精液品质和受精率。一般瘦肉型成年公猪（120～150kg）营养需要见表4-6。

表4-6　一般瘦肉型成年公猪（120～150kg）营养需要

消化能	蛋白质（%）	赖氨酸（%）	钙（%）	磷（%）
非配种期间每天消化能需要量为25.1～31.3MJ 配种期间为32.4～38.9MJ	14	0.60	0.75	总磷0.60 有效磷0.35

注：北方冬季寒冷，能量需要应在原标准基础上增加10%～20%。日粮蛋白质水平不宜过高和过低，其他元素参照美国NRC（1998）标准酌情添加。

(2) 饲养方式 根据猪全年内配种任务的集中和分散情况，分为一贯加强和配种季节加强两种饲养方式。

1）一贯加强的饲养方式。母猪实行全年均衡产仔的猪场，种公猪需常年配种使用。因此，全年都要均衡地保持种公猪配种所需要的高营养物质水平。

2）配种季节加强的饲养方式。实行季节性产仔的猪场，种公猪的饲料管理分为配种期和非配种期。配种期饲料的营养水平应高于非配种期20%～25%。在配种季节前一个月开始，就要给种公猪逐渐增加营养，以使种公猪在配种期间保持旺盛的性欲和良好的精液品质，提高受胎率和产仔数。配种季节过后，逐步降低营养水平，以维持量即可。

（3）饲喂技术 饲喂种公猪应该定时定量。一般每天饲喂2～3次，冬天2次、夏天3次，每次都不要喂得太饱，以8～9成饱为宜。

体重150kg以内的种公猪，日喂量2.0～2.5kg；150kg以上的种公猪喂给2.5～3.0kg的全价颗粒饲料，最好采用湿拌料或全价颗粒饲料饲喂法。每天要供给充足的饮水。

控制种公猪的饲喂量

2. 种公猪的管理

（1）单栏饲养 种公猪一般实行单栏饲养，也可小群饲养。小群饲养一般以两头一圈，最多不应超过3头为宜。

种公猪单栏（圈）饲养安静，可以减少外界的干扰，杜绝爬跨其他公猪和养成自淫的恶习。且种公猪能够保持正常食欲，节省饲料。

种公猪单栏饲养

（2）适当运动 合理的运动，可促进食欲，帮助消化，增强体质，提高生殖机能。运动不足会使种公猪贪睡、肥胖、性欲下降、四肢软弱且多发肢蹄病，影响配种能力和使用年限。因此，应加大种公猪的运动量。

种公猪每天运动不少于1000m，一般在早晚进行为宜。在配种季节，应加强营养，适当减少运动量。在非配种季节，可适当降低营养，增加运动量，以免养得过肥，影响配种。

种公猪要每天运动

（3）防止自淫

种公猪自淫是受到不正常的性刺激，引起性冲动而爬跨其他公猪、饲槽或围墙等物而自动射精，容易造成阴茎损伤。种公猪形成自淫后体质瘦弱、性欲减退，严重时不能配种。

种公猪自淫示意图

防止种公猪自淫的措施是杜绝不正常的性刺激，将种公猪舍建在远离母猪舍的上风向，配种场地与种公猪舍留有一定距离，防止发情母猪到种公猪舍逗引公猪，不让种公猪见母猪，闻不到母猪气味，听不到母猪声音。如果种公猪群饲，当种公猪配种后带有母猪气味，易引起同圈种公猪爬跨，可让种公猪配种后休息1～2h后再回圈。

（4）刷拭、修蹄 经常刷拭猪体可保持皮肤清洁，促进血液循环，减少皮肤病和寄生虫病，能提高种公猪性欲，并且还可使种公猪温驯、听从管教。不良的蹄形会影响种公猪的活动和配种，并可能在交配时刺伤母猪，因此，要经常修整种公猪的蹄子。

（5）防寒防暑 冬季注意防寒保温，可减少饲料的消耗和疾病的发生。夏季要做好防暑降温工作，因为气温过高，湿度过大，轻者易引起种公猪性欲降低，重者造成精液品质下降，甚至会造成种公猪中暑死亡。

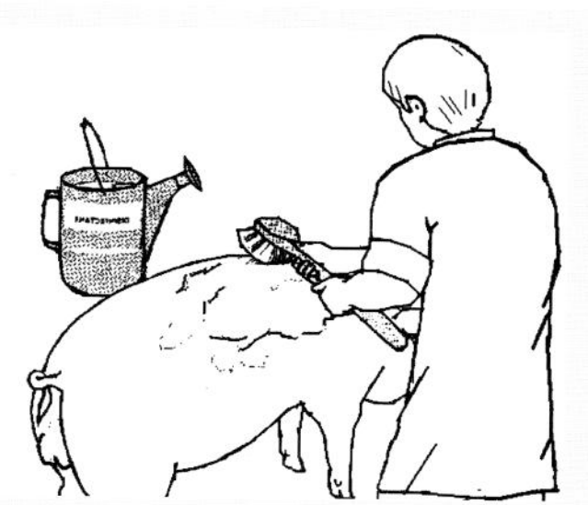

如左图所示，对种公猪应每天坚持刷拭，一般以每天 1～2 次为宜，并保持猪体清洁卫生。同时，要注意经常修整种公猪的蹄子，以免造成不良的蹄形影响种公猪的活动和配种。

刷拭种公猪体示意图

炎热的夏季，可于猪圈运动场上搭设遮阳网，或于猪圈前后搭建凉棚种植树木，给猪淋浴、洗澡等，以降温防暑。发生热性疾病，应即时治疗。

夏季在猪舍搭建遮阳网遮阳防暑

（6）定期检查种公猪精液 定期采集种公猪精液进行镜检，评定精液质量，调整饲养管理，保持种公猪的正常配种能力。

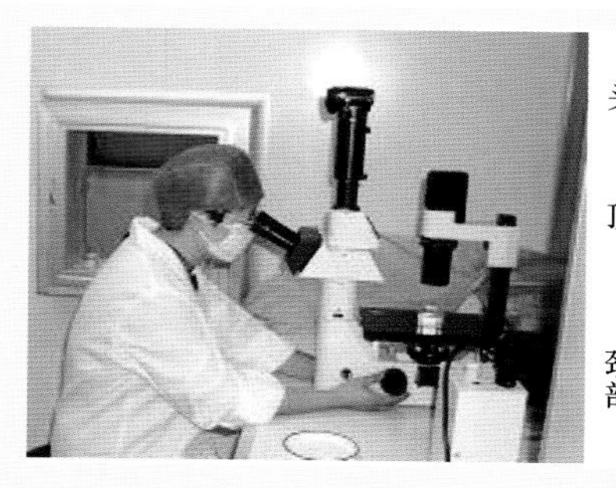

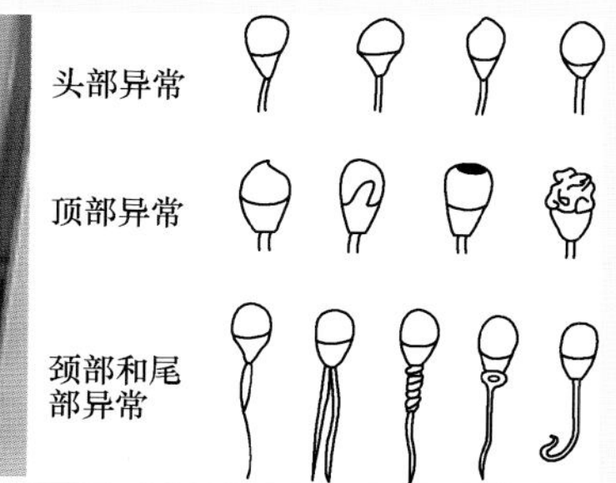

公猪在使用前 2 周左右应进行精液品质检查，对精子活力 0.7 以下，密度 1 亿/1mL 以下，畸形率 18% 以上的精液不宜进行授精。

畸形精子检查

3. 种公猪的利用与淘汰

(1) 种公猪的利用 初配青年公猪第一个月每周可配种2～3次，以后每2～3天配一次，成年公猪每头宜配一次，5～7天休息一天。配种前后1h不能喂饮，严禁配种后用凉水冲洗躯体。

(2) 种公猪的淘汰 对那些配种成绩较低，配种使用年限3年以上，或患有国家明令禁止的传染病或难以治愈和治疗意义不大的其他疾病的种公猪（如口蹄疾、蓝耳病、圆环病毒病等）应及时进行淘汰。种公猪更新淘汰率一般为35%～45%。

三、种母猪的饲养管理

1. 配种母猪的饲养管理

配种母猪分两种，一种是仔猪断奶后至配种的经产母猪，也称空怀母猪；另一种是初情期至初次配种的后备母猪。

(1) 配种母猪的营养需要（表4-7）

表4-7 配种母猪的营养需要

	消化能/(MJ/kg)	粗蛋白质(%)	赖氨酸(%)	钙(%)	总磷(%)
后备母猪	12.749～13.167	15～16	0.70～0.85	0.80～0.90	0.6～0.7
初产哺乳母猪	13.794	16～17	0.9以上	0.85～0.90	0.6以上
经产哺乳母猪	13.376～13.794	16以上	0.85以上	0.85～0.90	0.6以上

(2) 配种母猪的饲料管理（表4-8和表4-9）

表4-8 未经产配种母猪的饲料管理

时　间	日给饲量/kg	备　　注
平时	1.8	
配种前10～6天	1.8～2.5	由1.8kg逐渐增加至2.5kg
配种前6天至配种日	3.0	促进早日发情，增加排卵数
配种日	0	一般在达体重130kg，有2次以上发情记录即可配种
配种日至妊娠前期	1.8～2.0	根据体型而定，不能使之太肥

表 4-9　经产配种母猪的饲料管理

时　间	日给饲量/kg	备　　注
断奶当天	0	不给料或少给，给予充分的饮水
断奶后至配种前 1 天	3.0～3.5	促进早期发育，增加排卵数，具体量根据体型确定
配种日	0	不给料或少给，给予充分的饮水
配种日至妊娠前期	2.0	

（3）配种母猪的管理

1）小群饲养。将刚断奶的母猪强弱分栏小群饲养（一般每圈 3～5头），有利于母猪的发情和配种，也可以避免大欺小现象的发生。

2）短期优饲。断奶 2～3 天后，实行短期优饲，有利于母猪恢复体况和促进发情和排卵。

3）运动适量。一般每天应让母猪有 2～3h 的舍外自由活动锻炼，呼吸新鲜空气和照射阳光，既可提高猪体体质，又可促使母猪正常发情排卵。

4）发情鉴定。做好母猪发情观察和发情鉴定，并适时进行配种。

（4）促进空怀母猪发情的措施

1）公猪诱导法。

利用试情公猪去追逐、爬跨不发情母猪，可有效地促使母猪发情排卵。也可将公猪发情时发出的求偶声录制下来，向不发情的母猪群反复多次地播放，利用生物模拟的作用，可促进母猪较快发情。

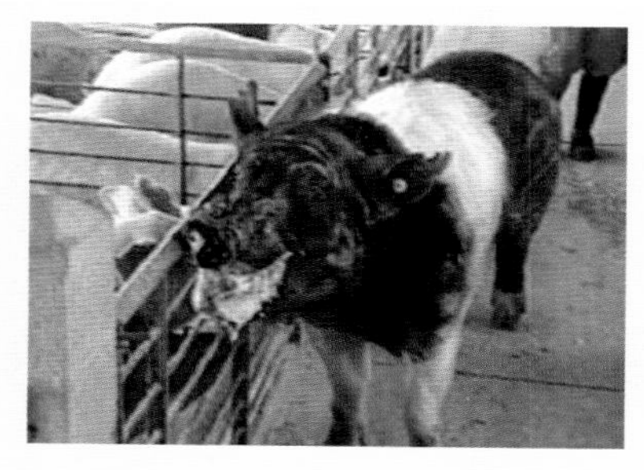

用公猪诱导母猪发情

2）合群并圈。

将不发情的母猪合并到有发情的母猪圈内，利用正在发情、寻求交配的母猪求偶的冲动，追逐、爬跨母猪，作公猪交配动作。通过爬跨等诱导刺激，促进母猪发情。

同群母猪诱导刺激法示意图

3）加强运动。

对不发情母猪，通过加强户外运动，接受日光浴，呼吸新鲜空气，可促进其发情排卵，如能与放牧相结合效果更好。

加强母猪户外运动

4）按摩乳房。

每天早上用手掌前后按摩乳房10min，一侧按摩完了再按摩另一侧，也可以用湿热毛巾进行按摩，可促进母猪发情排卵。

母猪乳房按摩

5）药物催情。

对不发情的母猪可用孕马血清皮下注射 5～10mL，一般 3～7 天后即可发情。也可肌内注射绒毛膜促性腺激素，1000 国际单位/头，或三合素 2mL，间隔 24h 再注射 1 次，三天即发情。

药物促使母猪发情

6）精液诱导法。

取健康公猪精液 1～2mL，用 3～4 倍冷开水稀释，用注射器注入母猪鼻孔少量；或用小喷雾器向母猪鼻孔喷雾，一般 4～6h 即可发情，12h 即达发情高潮。

精液诱导法促使母猪发情

无论采取什么措施，发情只是第一步，关键是促使母猪排卵和多排卵，只发情不排卵达不到受胎的目的。因此，生产上不能将注意力只集中在促使母猪发情的一些措施上，关键是调整母猪饲养管理，促使母猪发情排卵，这样才能提高母猪受胎率。

2. 妊娠母猪的饲养管理

（1）妊娠诊断 为了减少母猪漏配和加强对妊娠母猪饲养管理，需要对配种后的母猪进行早期妊娠诊断。

1）根据发情周期和妊娠征状诊断。

2）妊娠诊断仪诊断。利用妊娠诊断仪检查母猪是否妊娠，准确率较高，可有效降低母猪空怀率。

如果母猪配种后经过3周没再出现发情，并且食欲渐增加、上膘快、被毛顺溜光亮、性情温顺、行动稳重、贪睡、尾巴自然下垂、阴户缩成一条线、驱赶时夹着尾巴走路等现象，则初步诊断为妊娠。

母猪妊娠前期不宜过胖

在母猪配种或输精后35天、55天，将妊娠诊断仪的探头上涂上耦合剂，放置于倒数第二个乳头斜上方，若仪器发出短而间隔短的声音表明没有妊娠，若声音长而间隔长则可以确定母猪妊娠了。

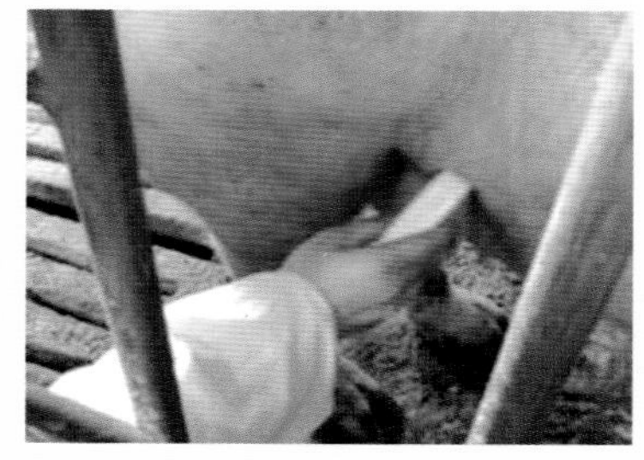

妊娠诊断仪检查母猪是否妊娠

3）激素诊断。

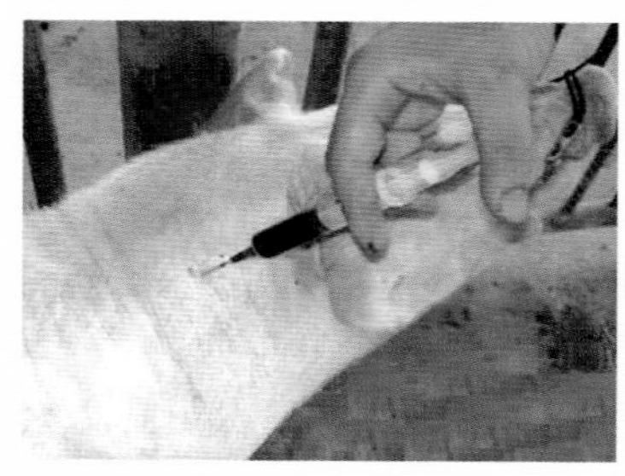

在母猪配种后的16～17天，于其耳根皮下注射3～5mL人工合成雌激素。若注射后出现发情的母猪为未妊娠，在5天内不发情的母猪为已妊娠。使用此法一定要慎重，以免引起流产。

注射激素诊断母猪是否妊娠

4）化学诊断。取母猪尿液15mL，放入大试管中，加浓硫酸3mL或浓盐酸5mL，加温至100℃，保持10min，冷却至室温，加入18mL

苯，加塞振荡，分离出有雌激素的液体层，加10mL浓硫酸，再加塞振荡，并加热至80℃，保持25min，借日光或紫外线灯观察，若在硫酸层出现荧光，是阳性反应，说明母猪已妊娠。否则为未妊娠。

（2）妊娠期母猪的变化　母猪妊娠后即进入非常时期，胚胎不断地生长发育。同时，在各种激素的作用下，母猪本身各组织器官也发生了一系列的变化。

1）体重的变化。整个妊娠期经产母猪可增重40～50kg，初产母猪可增重50～60kg，母猪增重中15%是蛋白质，25%是脂肪。

2）胚胎的变化（表4-10）。

在妊娠初期，胚胎生长发育较慢、重量很轻，绝对增重不高，从60天以后增重速度逐渐加快，从90天以后胎儿增重十分迅速，胎儿60%～70%是在这一时期增重的。

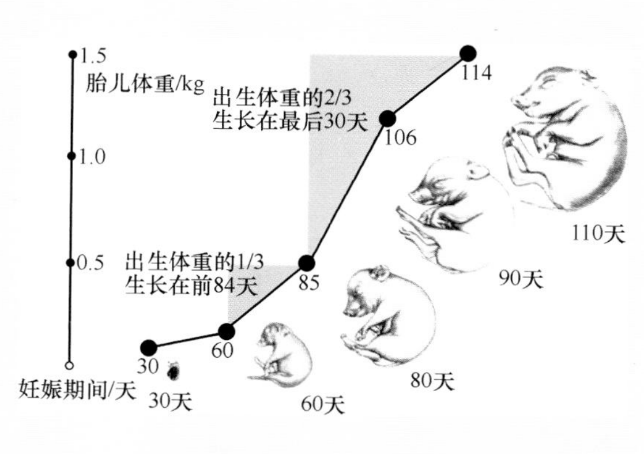

妊娠期间胎儿生长示意图

表4-10　各阶段猪胎儿的长度和重量

妊娠天数/天	30	40	50	60	70	80	90	100	出生
重量/g	2	23	40	110	263	400	550	1060	1300～1500
占初生重（%）	0.15	0.9	3	8	19	29	79	82	100

（3）妊娠期母猪的营养需要（表4-11）　一般把母猪的整个妊娠期分为三个阶段：0～40天为妊娠前期，41～85天为妊娠中期，86～114天为妊娠后期。

表 4-11 妊娠母猪的营养需要

	日给饲量 /kg	消化能 /（MJ/kg）	粗蛋白质 （%）	备　注
妊娠前期	1.5～2.0	12.122～12.54	14～15	胚胎几乎不需要额外的营养，应限制母猪采食
妊娠中期	1.8～2.2	12.122～12.54	14～15	提高粗纤维含量，增加饱感，防止便秘，严防肥胖
妊娠后期	2.5～3.5	12.958～13.376	14～15	逐渐增加日喂量，保证小猪快速生长，产前 5～7 天逐渐减食

（4）妊娠母猪的饲养方式 中国传统养猪在以青粗饲料为主的前提下，根据各种妊娠母猪的特点和胎儿发育规律，采取相应的饲养方式，主要有 3 种：

1）步步登高式 适用于初产母猪和哺乳期间配种的母猪。因为初产母猪配种后本身仍处在生长发育阶段，哺乳母猪要担负着双重的生产任务。

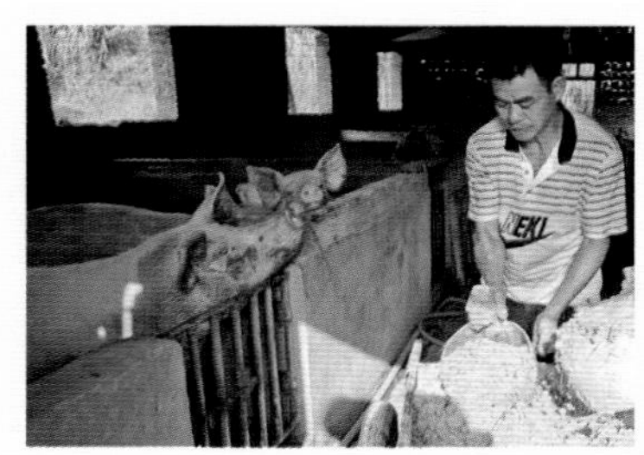

在妊娠初期，以青粗饲料为主，以后逐渐增加精饲料比例，到分娩前一个月达到最高峰，但在产前 5 天左右，日粮应减少 30%，以免造成难产。

步步登高饲养模式示意图

2）抓两头促中间式 适用于断奶后体瘦、膘情差的经产母猪。母猪经过分娩和一个哺乳期之后，体力消耗很大，为了使其迅速恢复繁殖体况，必须在妊娠初期加强营养。

3）前粗后精式 适用于配种前体况良好的经产母猪。因为妊娠初期胎儿还小，加之母猪膘情较好，此期可以适当降低营养水平，在饲粮中喂些青粗饲料。

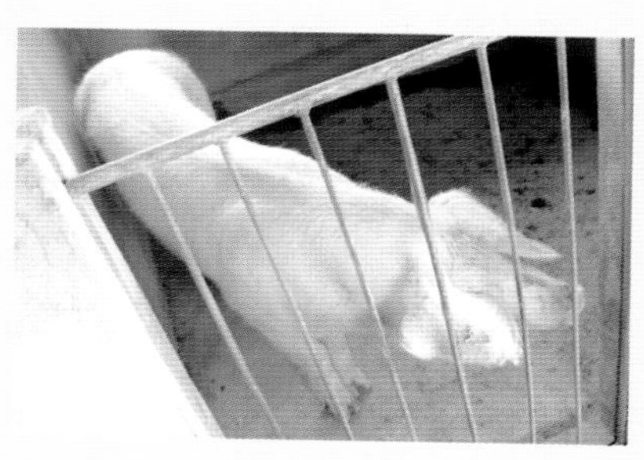

一般从配种前 10 天开始到配种后 20 天，加喂含蛋白质丰富的饲料，待体况恢复后再以青粗饲料为主，并按饲养标准饲喂。直到妊娠 85 天后，由于胎儿增重较快，日粮中再添加富含蛋白质和维生素的精料。

断奶后体瘦、膘情差的母猪

对于配种前体况良好的经产母猪，妊娠初期应适当降低营养水平，到妊娠中后期，由于胎儿发育增快，营养需要量增加，再按标准增加精料的喂量，以满足胎儿迅速生长的需要。

妊娠后期应增加精饲料

（5）妊娠母猪的管理

1）单圈或小群饲养。妊娠前期母猪可采取单圈或小群饲养方式。

采取单圈饲养，妊娠母猪吃食量均匀，不会发生互相碰撞，但缺点是不能自由运动（尤其是限位栏饲养），肢蹄病较多。

小群饲养，妊娠母猪可以自由运动，吃食时由于争抢可促进食欲，但如果分群不当，胆小的母猪吃食少，影响胎儿的生长发育。每栏以 6 ~ 8 头为宜。

单圈和小群饲养模式

2）保证饲料质量。

如图所示，应供给妊娠母猪营养全面、质量可靠的饲料，不能给以冰冻、霉变和有毒的饲料，以防引起流产。饲料供应要均衡、稳定，不能频繁变动。

饲喂母猪医用配合饲料

3）创造良好环境。

要给妊娠母猪创造一个良好的环境，妊娠舍要求卫生、清洁，地面不过于光滑，注意通风换气。同时，要保持安静，防止强声噪声刺激，以免引起流产。

妊娠母猪舍

3. 分娩母猪的饲养管理

（1）母猪妊娠期的推算 母猪配种时要详细记录配种日期，一旦断定母猪妊娠就要推算出预产日期，便于饲养管理，做好接产准备。推算母猪妊娠期平均按114天计算。推算方法常用的有两种。

1）“三三三”推算法：在配种的月份上加3，在配种的日数上加上3个星期零3天。例如，3月9日配种，其预产期是3+3=6月，9+21+3=33日（一个月按30天计算，33天为1个月零3天），故7月3日是预产期。

2）“进四去六”推算法：在配种的月份上加上4，在配种的日数上减去6（不够减时可在月份上减1，在日数上加30计算）。例如，3月9日配种，其预产期为3+4=7月，9−6=3日，故7月3日是预产期。

（2）母猪产前饲养 母猪于产前5~7天转入产房（初产母猪产前5~7天，经产母猪产前2~3天进入产房），便于其熟悉环境，利于分娩。

进入产房后应根据母猪的膘情和体况决定增减料，一般应在产前3天开始逐渐减料，直到临产前1天其日粮量为1.2~1.5kg。产仔当天可少喂或停喂饲料，仅给其饮用麸皮盐水。天气寒冷时，可添加少许葡萄糖。

母猪产前提前进入产房饲养

（3）母猪分娩前的准备

1）分娩舍的准备和消毒。

在妊娠母猪调入产房前，要将产房彻底清扫干净，并用2%~3%氢氧化钠溶液或2%~5%来苏儿溶液等进行消毒，再用清水冲净。墙壁用20%石灰乳粉刷。然后空栏晾晒3~5天，方可调入母猪。

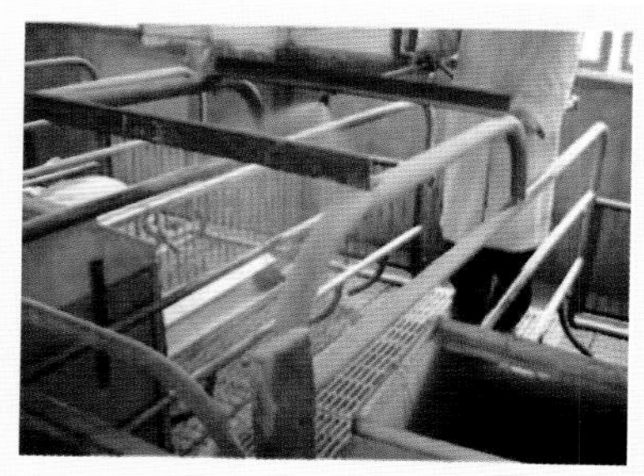

产前消毒产房

母猪分娩多在夜间，因此，要注意安排专人值夜班，随时准备接产。

2）用品准备。

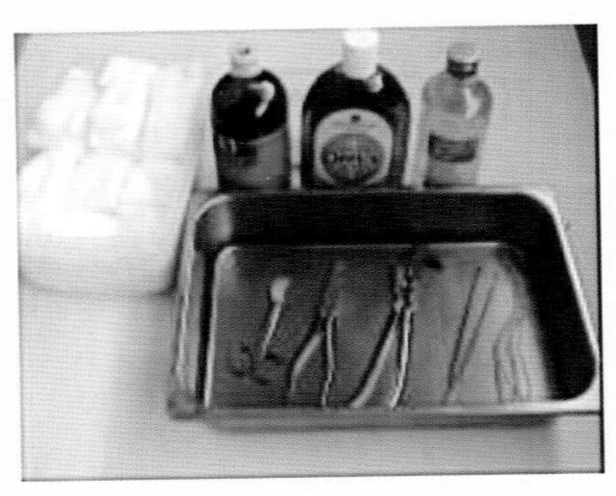

母猪产前要准备好产仔栏、仔猪箱、棉擦布、剪刀、耳号钳子或耳标器和耳标、记录表格、5%碘酊、0.1%高锰酸钾溶液、医用纱布、催产素、注射器、肥皂、毛巾、面盆、计量器具（秤）、25W红外线灯、电热板、液状石蜡等。

接生常用器械物品示意图

（4）母猪临产前的征兆

1）乳房的变化。

母猪在产前15～20天，乳房由后向前逐渐下垂，接近临床期乳房前后膨大如两条长面包，乳头呈“八”字形分开并挺立，皮肤紧张。

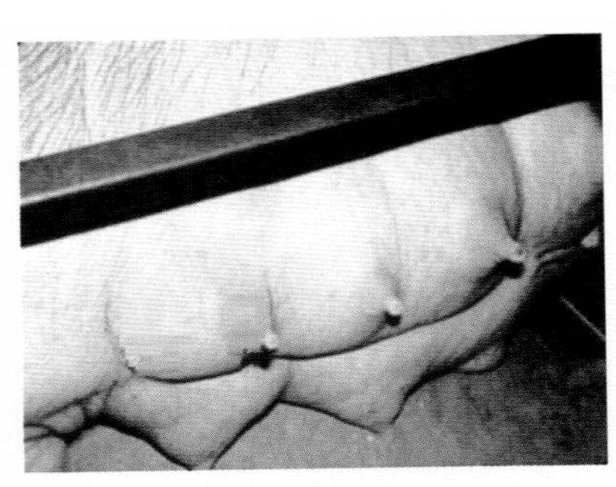

临产前乳房变化示意图

2）乳质的变化。临产前，母猪的乳头从前向后逐渐能挤出乳汁。前面乳头（1～2对）能挤出乳汁时，在4～6h内产仔或即将产仔。

3）母猪的变化。

临产母猪常出现叼草絮窝、突然停食、紧张不安、时起时卧、性情急躁、不停地圈内走动、拱咬栏门、频排粪尿、阴唇红肿松弛、尾根两侧凹陷等现象。如果有胎水流出，1h左右就要产仔。

临产前母猪衔草做窝

（5）母猪分娩过程

母猪从产第一头仔猪到胎衣排出，需要2～4h，多数母猪2～3h，产仔间隔一般为10～15min。超出8h可能是难产，应采取相应的助产措施。仔猪全部产出后，胎衣全部排出约需3h，超过3h就要采取相应的措施，如注射缩宫素等。

正在分娩的母猪

（6）接产技术

1）三擦一破。

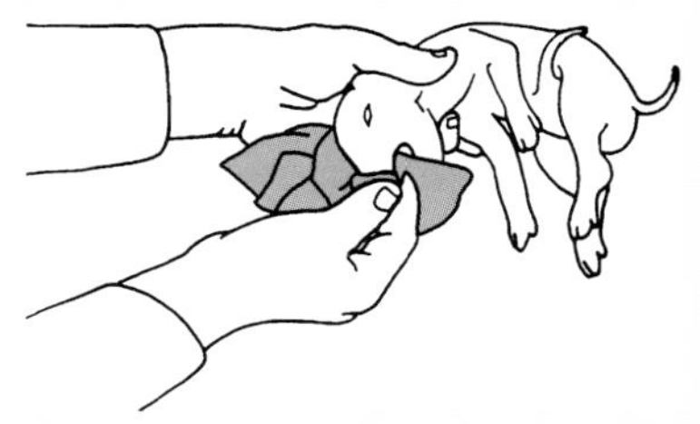

仔猪产出后，迅速擦干其口、鼻、全身的黏液，如果发现胎儿包在胎衣内产出（叫胎盘前置），应立即撕破胎衣，再抢救仔猪。

擦拭小猪口、鼻黏液示意图

2）断脐。

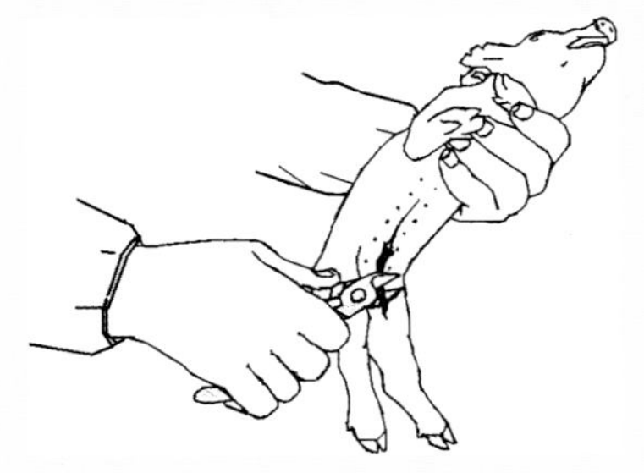

仔猪产出时，有的脐带会自然断开，但对未断的，接生员应将脐带内血液向腹部方向挤捏几次，然后在距离仔猪腹部4～5cm处，用两手撕捋扯断或剪断脐带（一般不用剪刀，以免流血过多），断端涂以5%碘酊消毒。

初生仔猪断脐示意图

3）剪牙。

用剪牙钳将新生仔猪的胎齿（8个）牙尖剪断，并涂以碘酊，以防吮乳时咬伤母猪乳头和牙齿变形。

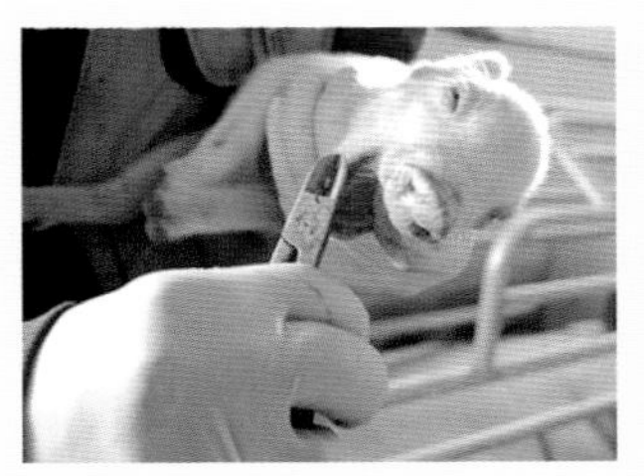

用断牙钳给初生仔猪断牙

4）断尾。

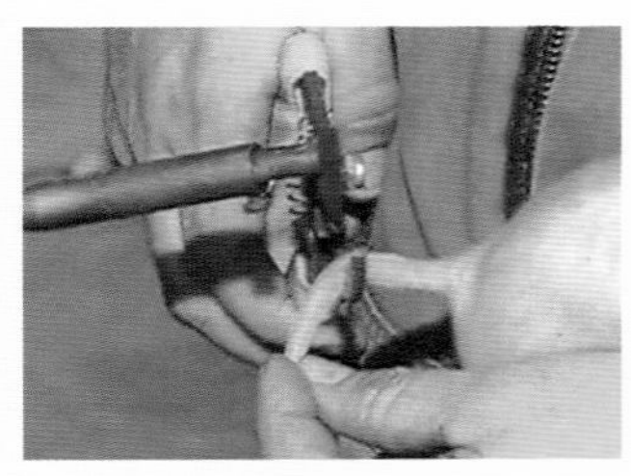

固定好初生仔猪，在距其尾根2.5cm处，用电热断尾钳直接剪断尾巴或用普通钳子剪断尾巴，停留片刻，待尾巴皮肤包住断口不再出血后，涂上5%碘酊。

断尾钳给初生仔猪断尾

(7) 假死仔猪的急救 有的仔猪出生后全身发软，呼吸微弱或没有呼吸，但心脏仍在微弱跳动（用手压脐带根部可摸到脉搏），此种情况称为仔猪“假死”。遇到这种情况应立即急救。

1）人工呼吸。抢救者先用擦布抠出假死仔猪口、鼻腔内的黏液，将口、鼻周围擦干净，盖上纱布进行人工呼吸。

抢救者一只手抓住假死仔猪的头颈部，使仔猪口、鼻对着抢救者，另一只手将4～5层的医用纱布捂在其口鼻上，然后抢救者隔着纱布向假死仔猪的口内或鼻腔内吹气，并用手按摩其胸部。

假死仔猪可采用人工呼吸抢救

2）倒提拍打法。

先抠除干净假死仔猪口腔及鼻周围黏液，用左（右）手将仔猪后腿提起，然后用右（左）手稍用力拍打其臀部，发现假死仔猪躯体抖动，深吸一口气，说明呼吸中枢启动，假死仔猪已抢救过来。

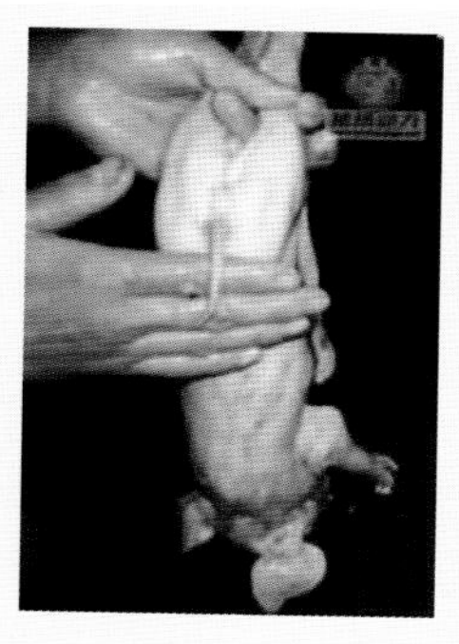

假死仔猪倒提拍打抢救法

3）刺激胸肋法。将假死仔猪口腔内及鼻周围的黏液抠出擦干净，然后抢救。

对救活的假死仔猪必须人工辅助哺乳，特殊护理2～3天，使其尽快恢复健康。

（8）难产助产技术　在接产过程中，如发现胎衣破裂，羊水流出，母猪长时间用力，仔猪产不出来，可能发生难产，需要采取相应的助产措施。

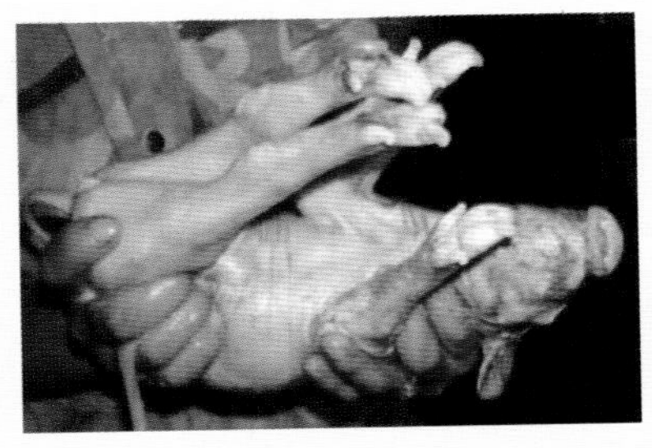

抢救者托起假死仔猪，一只手抓住其臀部，一只手抓住其肩部，使躯干向胸部反复作仰俯运动，以刺激其胸肋部，直至其恢复自由呼吸。

假死仔猪刺激胸肋抢救法

1）难产的原因（表4-12）。

表4-12　难产的原因

种　类	原　　因
母猪过肥或过瘦	过肥易造成产道狭窄；过瘦则母猪体弱，分娩无力
近亲繁殖	近亲繁殖使胎儿畸形
妊娠期缺乏运动	造成胎位不正，腹肌无力
产道狭窄	母猪因先天发育不良，配种过早而发育不良，曾经开过刀有伤疤等情况，造成产道狭窄
产仔时圈内不安静	产仔时人多杂乱，或其他动物如犬、猫等进入猪圈，使母猪神经紧张
母猪年老体弱	内分泌机能紊乱，造成母猪子宫收缩力弱
母猪患有其他疾病	母猪患病体弱，造成分娩无力（尤其是努责无力）等

2）助产技术。在难产助产时，要熟练掌握“七字”方针——即推、拉、掏、注、针、剖、清。

推——助产人员用双手托住母猪的后腹部，伴随着母猪的阵缩与努责，用力向臀部方向推。

拉——看见仔猪的头或腿时，可用手抓住，伴随着母猪的努责，把仔猪拉出来。

掏——母猪较长时间努责，仔猪不下来，可用手慢慢伸入阴道掏出胎儿。

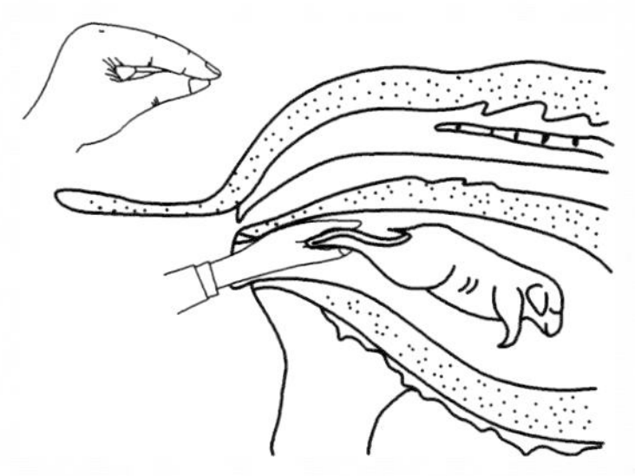

掏仔猪时，一般将左手消毒，剪去指甲，涂以滑润剂（凡士林、石蜡或甘油等），五指并拢成锥形，慢慢伸入阴道，抓住胎儿头部或腿部，再随着母猪腹部收缩努责的节奏，徐徐将胎儿拉出产道。

手掏仔猪助产示意图

注——给母猪肌内注射缩宫素。

母猪分娩过程中，在顺利产仔情况下（10min 内产出 1 头仔猪）不需要使用缩宫素，但当下一头仔猪间隔 30min 仍未产出，建议立即注射 30～50 国际单位缩宫素以助产。

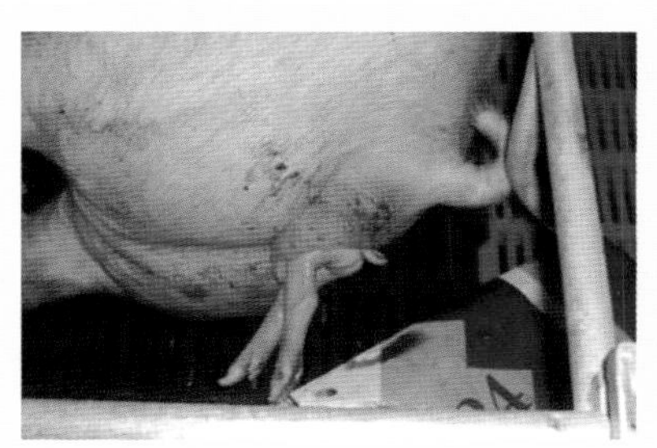

使用缩宫素催产法

针——为避免产道损伤和感染，助产后必须给母猪注射抗生素等药物（打针）。

剖——将母猪侧俯卧保定，侧腹壁切开取出胎儿。

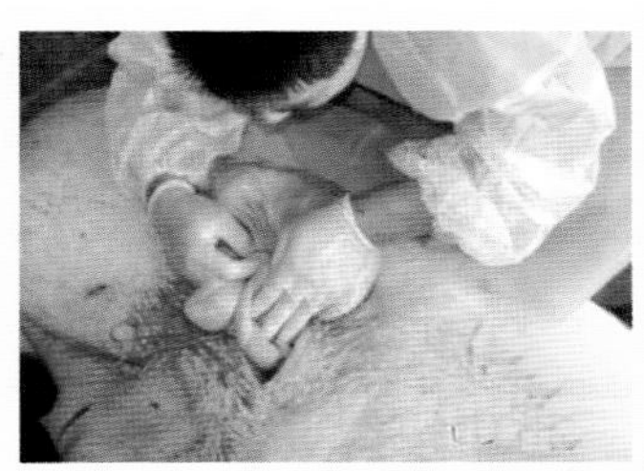

将母猪侧卧保定（左侧卧、右侧卧皆可），全身和局部麻醉，术部消毒，无菌切开侧腹壁和子宫，取出胎儿，关闭创口，消炎抗菌处理。

给母猪剖宫产

清——产仔结束（只有胎衣全部排出，才标志产仔过程结束）之后，应及时清理产房。

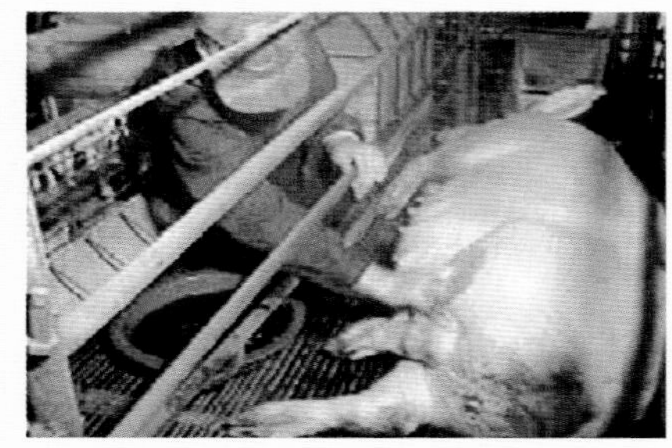

产后应及时用 0.1% 高锰酸钾溶液擦洗母猪阴门周围及乳房，同时，将产房、产圈打扫干净，消除污染垫草，用清水冲洗床面，重新更换新鲜垫草。排出的胎衣要随时清理，避免让母猪吃掉。

产后清洁母猪乳房

（9）分娩后的饲养管理

1）母猪产后饲养。母猪产后由于腹内在短时间内排出的内容物容积较大，造成母猪饥饿感增强，但此时不要马上饲喂大量饲料。产后第一次饲喂时间最好是在产后 2～3h，一般只给 0.5kg 左右。以后按 0.5～1kg 逐渐增加，直至达到泌乳期正常喂量。要求饲料营养丰富，容易消化，适口性好，同时保证充足的饮水。

2）母猪产后管理。母猪产后身体很疲惫需要休息，在安排好仔猪吃足初乳的前提下，应让母猪尽量多休息，以便迅速恢复体况。

母猪产后 3～5 天内，注意观察其体温、呼吸、心跳、皮肤黏膜颜色、产道分泌物、乳房、采食和粪尿等变化，一旦发现异常应及时诊治。生产中常出现乳腺炎、产后无乳等病例，应引起注意。

加强母猪产后管理

4. 泌乳母猪的饲养管理

（1）母猪泌乳的特点及规律

母猪的乳腺构造特殊，与其他家畜不同，有6~8对乳头或更多。乳房间互不相通，每个乳房由2~3个乳腺团组成，通常每乳头上有2~3个乳头管，一般前部乳头比后部乳头分泌的乳量高。

新生仔猪具有固定乳头的习惯

据测定，母猪每昼夜平均泌乳22~24次，每次相隔大约1h，每次放乳的时间很短，只有十几秒到几十秒。母猪的乳汁尤其是初乳中含有丰富的蛋白质、干物质、脂肪、乳糖、灰分、钙磷，还有免疫球蛋白，是仔猪必需的营养物质。但初乳中的蛋白质和球蛋白产后在不断下降，且速度较快，3天后即接近常乳水平。

在整个泌乳期内，各阶段泌乳量也不尽相同，瘦肉型猪种产后3~5周平均每昼夜泌乳8~10kg。母猪泌乳曲线见下图。

如图所示，泌乳高峰出现在产后20~30天，30天后泌乳量下降。中国猪种下降得较为缓慢，引进猪种下降得较快些。产后40天内的泌乳量约占全期的70%~80%。

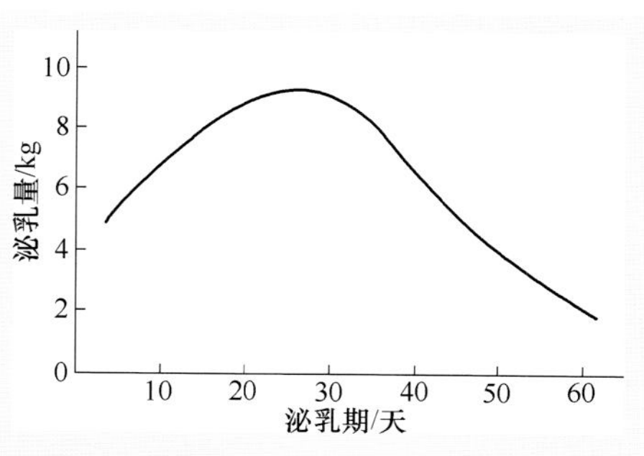

母猪泌乳曲线示意图

（2）泌乳母猪的营养需要　对哺乳母猪，其营养除提供本身维持和生长需要外，还给仔猪提供了大量乳汁。因而，营养水平要求较高。一般外来品种哺乳母猪每千克饲粮要求：粗蛋白质大于17%，消化能 13.80MJ，赖氨酸 0.85%，钙 0.80%，有效磷 0.45%，盐 0.4%。本地杂交品种可适当降低标准，但粗蛋白质不应低于 15.0%。

（3）泌乳母猪的饲喂技术（表4-13） 母猪分娩后因分娩体力消耗过大，身体疲倦，消化机能弱，应在 2～3 天后将饲料喂量逐渐增加，但在母猪断奶前的 3～4 天每头每天饲料喂量减 1.5～1.8kg，并控制饮水，以免断奶后发生乳腺炎。

母猪分娩的当天少喂或不喂料，仅给些葡萄糖饮水，以后每天增加 0.5kg，5～7 天达到泌乳期的正常定量，每天 4.5kg 以上，并尽量多喂，带仔多于 10 头的哺乳母猪，每多 1 头仔猪加喂 0.5kg。

刚分娩的母猪要控制其采食量

表 4-13 母猪产后饲料管理

产后天数/天	1	2	3	4	5	6	7	8～12	13 天后
初产/kg	1.0	2.0	3.0	4.0	5.0	6.0	7.0	7.5	7.5～8
经产/kg	1.0	2.5	3.5	4.5	5.5	6.5	7.5	7.5	7.5～8

注：以上是按哺乳 10 头仔猪的情况供料，如增加或减少 1 头仔猪，则在第 7 天后饲料增减 500g/d。产后 12h 只喂给 1kg 饲料，以后每天增加 0.5～1kg，直至达到泌乳期正常喂量。正常喂量：2.5kg（基准喂料量）+0.5kg×n（n 为每头母猪所带的仔猪头数）。

（4）泌乳母猪的管理 泌乳母猪应饲养在温度适宜、卫生清洁、无噪音的猪舍环境中。冬季要有保温取暖设施，夏季要注意防暑降温和通风换气。泌乳母猪舍的温度一般为 15～22℃，最适宜的温度是 18℃。

每天要注意观察母猪采食、排泄、精神、体温、皮肤黏膜颜色，注意乳腺炎的发生及乳头损伤，发现异常现象及时采取相应的措施。有条件的猪场可在母猪产后2周，带仔猪进行舍外放牧运动，有利于母子健康。

母猪带仔猪放牧运动

（5）防止母猪无乳或泌乳不足

1）母猪无乳或泌乳不足的原因（表4-14）。

表4-14 母猪无乳或泌乳不足的原因

分类	原　因
营养方面	妊娠期间能量水平过高或过低，使母猪偏肥或偏瘦；泌乳母猪蛋白质偏低或品质不好，日粮严重缺乏钙或磷，钙磷比例不当，饮水不足等
疾病方面	母猪患有乳腺炎、链球菌病、感冒发烧、肿瘤等疾病
其他方面	高温、低温、高湿、环境应激，母猪年龄过小、过大等

2）防止母猪无乳或泌乳不足的措施。加强饲养管理，在确认无病、无管理过失的情况下，可以用下列方法催乳。

① 饮服胎衣汤。生猪后将胎衣留下煮沸20～30min，然后切碎连同汤一起拌料分2～3次来喂服。

② 注射催产素。产后2～3天无乳或乳量不足，可给母猪肌内注射催产素，剂量为10国际单位/100kg体重。

③ 喂服蛋白汤。用淡水鱼、猪蹄、白条鸡、骨头等煎汤拌在饲料内喂。

④ 中草药催乳。王不留行36g、漏芦25g、天花粉36g、僵蚕18g、猪蹄2对，水煎分两次拌在饲料中喂服。

5. 断奶后母猪的饲养管理

仔猪断奶的当天，对七八成膘的母猪，日喂量为2kg左右，日喂2次，停喂青绿多汁饲料。回到母猪舍后1～2天内，群养的母猪要注意看护，防止咬架致伤致残。断奶3天内，注意观察母猪乳房的颜色、温度和状态，发现乳腺炎应适时采取相应的措施。对于泌乳期间失重大的母猪，应给予特殊饲养，使其体况迅速恢复。

第五章

仔猪和育肥猪的饲养管理

一、哺乳仔猪的饲养管理

1. 哺乳仔猪的生理特点

1）调节体温能力差。仔猪出生时大脑皮层发育不够健全，通过神经系统调节体温的能力较差。

刚出生1～2天内的仔猪，由于被毛稀疏、皮下脂肪少，保温隔热能力差，从母体带来的血糖（仅够维持数小时的需要）等营养少，遇到寒冷，血糖很快降低，如不及时吃到初乳，很难成活。

刚出生的仔猪应加强保温

2）缺乏先天免疫力，抗病能力较差。由于猪的胎盘构造复杂，存在于母猪血清中的免疫球蛋白是一种大分子Y-球蛋白，不能通过胎盘传递给仔猪，限制了母源抗体通过血液向胎儿转移，从而导致仔猪初生时没有先天免疫力。

3）消化能力弱。初生仔猪的消化器官发育不完善，消化腺不发达，胃内仅有凝乳酶，胃蛋白酶很少，而且没有活性，不能消化蛋白质，特别是植物性蛋白质。而肠腺和胰腺发育比较完全，小肠内胰蛋白酶、肠淀粉酶和乳糖酶活性较高，所以新生仔猪只能消化乳蛋白、乳脂和乳糖。

初生仔猪由于没有先天性抗体，出生后身体很弱，如果吃不到初乳，不能获得先天性母源抗体，抵抗力低下，容易受疾病侵袭，很难养活。

初生仔猪应尽早吃上初乳

4）调节体温机能不健全，对寒冷的应激能力差。新生仔猪皮薄毛稀没有皮下脂肪，在初生期不能抵御寒冷，容易因受寒冷、潮湿的侵害发生死亡。

出生后几小时的仔猪，如果环境寒冷，其体温可下降 2.2℃，多者可下降 6～7℃，若不能及时升温，常常会发生冻僵、冻昏，造成不能吃奶，进而冻死或被母猪压死。

新生仔猪怕冷常常扎堆挤在一起

5）生长速度快、代谢机能旺盛。仔猪出生时体重虽然小，但因为物质代谢旺盛，特别是蛋白质代谢和钙、磷代谢要比成年猪高得多，所以生长发育很快。

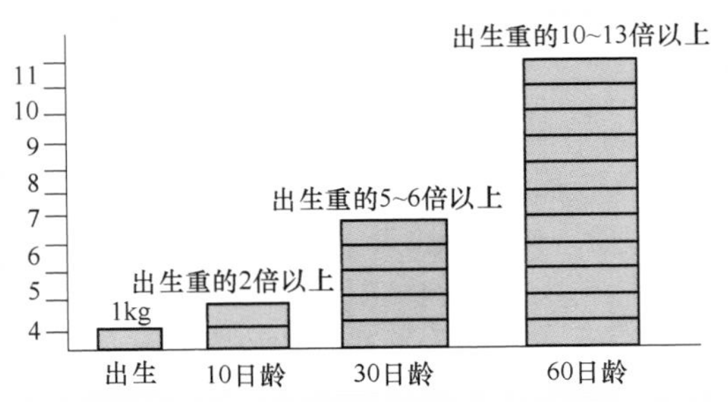

仔猪出生后增长速度示意图

仔猪生后20日龄时，每千克体重沉积的蛋白质，相当于成年猪的30～35倍，每千克体重所需代谢净能为成年猪的3倍。因此，必须保证仔猪各种营养物质的供应。

6）体内铁储备少，易患缺铁性贫血。仔猪出生时含铁不足50mg，只够其1周生长所需要。母乳中铁量很低，所以仔猪从8～12天就会开始出现缺铁现象。若同时伴有拉稀，则贫血更为明显。

2. 哺乳仔猪的饲养

（1）固定乳头 新生仔猪具有固定乳头的习惯，往往由于出生前三天争抢乳头，致使体况较差的吃不上初乳，甚至因为争抢而咬破母猪乳头造成乳腺炎。

刚出生的仔猪不给喝乳，待仔猪全部生完，把母猪乳房擦拭干净后统一喂乳，把个头小的放在最前面乳头，个头大的放在最后面乳头，一次即可固定。

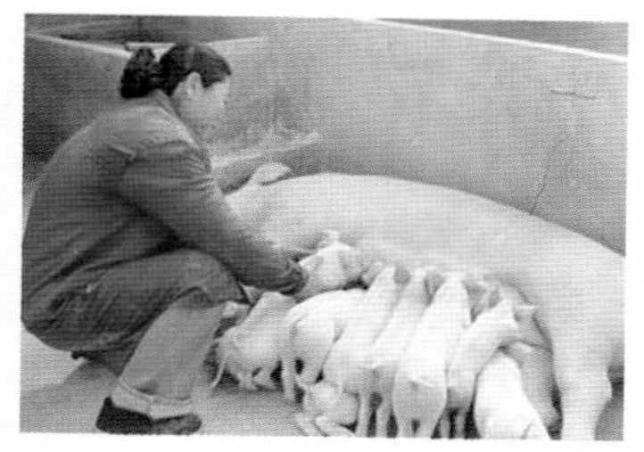

辅助仔猪吃初乳固定乳头

（2）采取防压保温措施

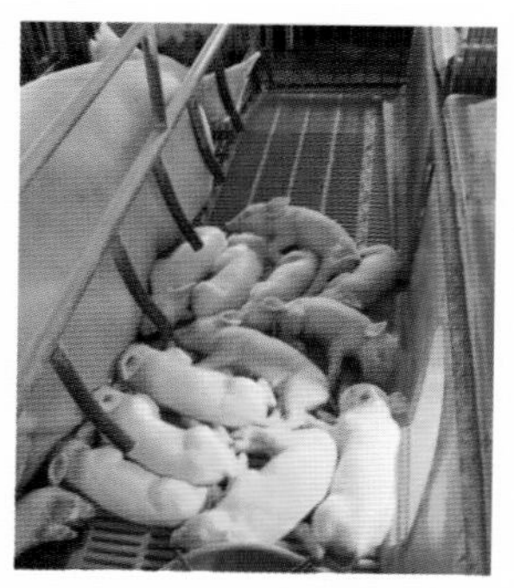

母猪生产时最好配备产床，有栏杆保护；在初生仔猪箱内安装25W红外线灯，寒冷季节还可以在箱内放置电热板，以给仔猪取暖和防止仔猪害冷钻到母猪腹下被压死。第一周应保持36～37℃，以后每周下降2℃，至22℃为宜。

仔猪为了保温常常扎堆

(3) 补铁

在仔猪出生后3天内，应肌内注射铁制剂，如牲血素、右旋糖苷铁等，每头剂量100～150mg。

有研究表明，在母猪分娩前2～3周和产后3周内于日粮内添加氨基酸螯合铁，而仔猪生后不注射任何铁剂，也可达到与注射铁剂同样的效果。

仔猪出生后3天注射补铁针

(4) 提早开食补料

为使仔猪3周龄后大量采食奠定基础，防止断奶后因营养性应激而导致下痢，必须提早（7日龄开始）训练仔猪吃食（称开食），以刺激仔猪胃肠发育和分泌机能完善，提高成活率。

7日龄开始给仔猪诱食

用于哺乳仔猪的饲料一定要营养全面、易消化、适口性好，并且有一定的抗菌能力，仔猪采食后不易拉稀等，最好经膨化处理后制成颗粒料，保证松脆、香甜适口。

(5) 寄养与并窝 母猪产活仔数有时超过有效乳头数或母猪产后初期死亡，这时就需要采取寄养或并窝以提高母猪利用率。

如果发生“妈妈”不认寄养或并窝的仔猪时，可采取干扰母猪嗅觉的办法，用母猪产仔时的胎衣、尿液或垫草涂擦寄养仔猪身体，或者事先把寄养仔猪和母猪亲生的仔猪放在一起2～3h，也可用少量的白酒或来苏儿溶液喷到母猪鼻端和仔猪身上，即可解决。

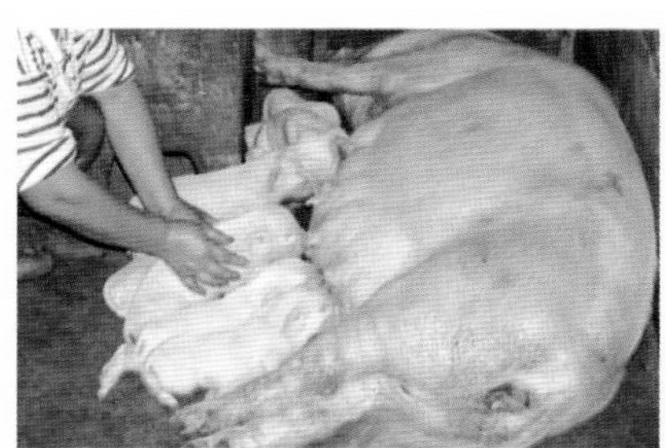

寄养和并窝时要两窝产仔出生日期尽量接近（3~4天）；寄养的仔猪一定要吃到初乳；后产的仔猪往先产的窝里寄养时要拿体格大的，先产的仔猪往后产的窝里寄养时要拿体格稍小的。

给寄养仔猪人工辅助喝乳

（6）去势 将不留作种用的公、母仔猪去势，可使其性情变得安静温顺，食欲好，增长快（无发情干扰），肉质无异味。

仔猪性成熟后每间隔18~24天就要发情一次，持续期为3~4天或更长；公猪性成熟比母猪早，其表现更明显。发情的仔猪表现神情不安，食欲减少，爬跨其他猪，影响休息，生长缓慢，饲料报酬降低。

发情仔猪爬跨其他猪

1）小公猪去势。又叫阉割，是将小公猪的睾丸和附睾摘除，使其失去性机能。一般于出生后7~8日龄完成，早去势应激小，伤口愈合好。

去势方法和步骤：

① 术前准备。先准备一个刮脸刀片和5%碘酊5mL、干净的棉球若干。

② 保定。

术者左手抓住猪左后肢，左脚迅速踩住猪头颈部后，右脚迅速踩住猪左后肢或尾巴，使猪略呈仰卧型，术者呈现半蹲式（或坐在凳子上），局部消毒后，左手紧握一侧睾丸挤向阴囊底部，将其固定住。

左手保定公猪固定睾丸

③ 摘除睾丸。

术者右手持刀片，在阴囊底部纵向切开一个2cm长、1cm深的切口，挤出一侧睾丸，用手撕断鞘膜韧带（白色），用力拉断精索，取出睾丸，涂擦碘酊消毒；在同一切口内切开中膈摘除另一侧睾丸。

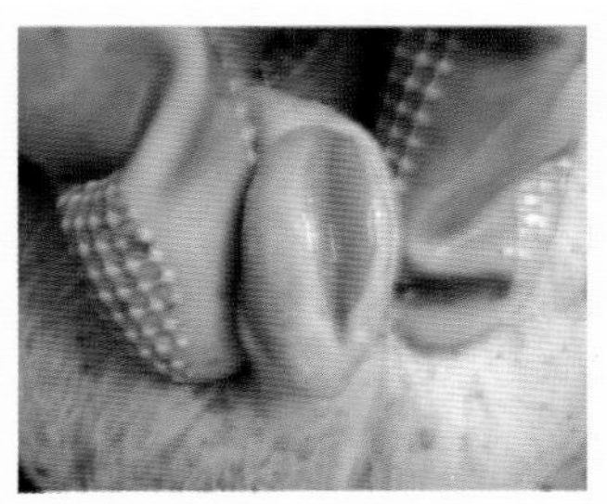

切开并摘除睾丸

切口及阴囊内要用3%～5%碘酊消毒，切口一般不需缝合，但去势后要注意保持猪圈内清洁卫生，以免伤口引起感染。

2）小母猪去势。是指对1～2月龄或体重5～15kg以内的仔母猪摘除卵巢、子宫体及两个子宫角的一种方法。瘦肉型商品猪母猪一般性成熟较晚，在高营养水平饲养条件下5月龄性成熟之前即可上市。所以一般只进行公猪去势，而不给母猪去势。

去势方法和步骤：

① 术前准备。去势刀一把，3%～5%碘酊棉球适量。仔猪术前停食一顿，以减少肠内容物，以免影响手术进行。

② 保定。

③ 术部消毒。

术者左手抓住小母猪左后肢，向外倒提，把猪头向右轻放着地，把猪颈部放在右脚尖前面，让猪体右侧卧于地面上，把猪左右腿向后拉直，左脚踩其左小腿上，右脚踩其颈部，将其固定。

切口部位一般在腹下左侧倒数第二个乳头外侧 1～2cm，并根据猪只大小，以肥向前、瘦往后、饱向内、饥向外的原则，术部用 5% 碘酊消毒。

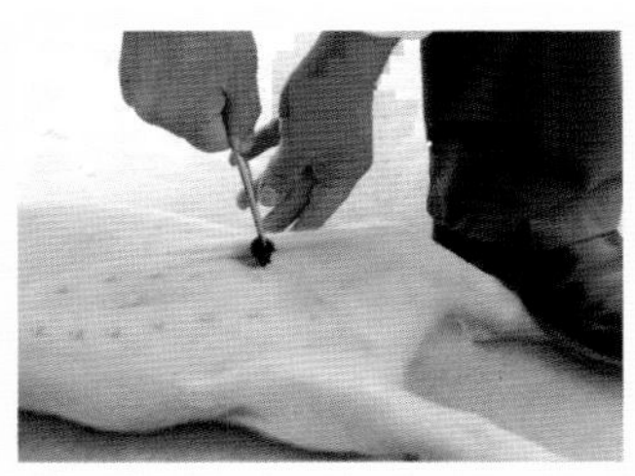

④ 切口固定。

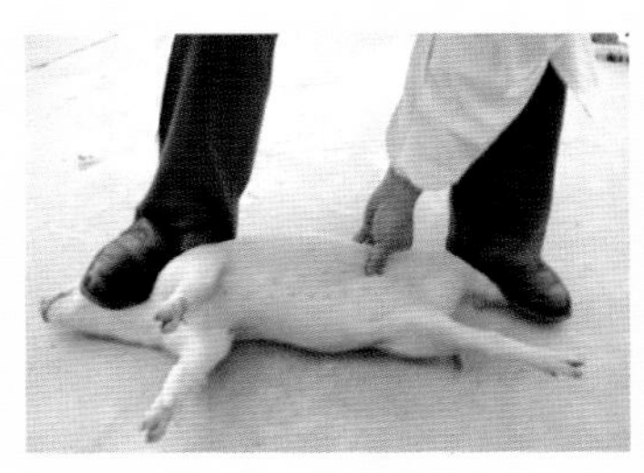

以左手中指顶住左侧髋结节，拇指向中指顶住的部位垂直的方向用力下压，使拇指和中指尽可能地接近，按得越紧，刀口离卵巢越近，子宫角就容易涌出切口，此时拇指左端的压迫点即是切口部位。

⑤ 指法操作。

术者左右用力向腹壁按压，右手持刀，以 45° 的角度一并切开皮肤、肌肉和腹膜 1～1.5cm，并轻轻向左右扩大创口，此时腹水涌出，随猪发出嚎叫声，腹压增大，子宫角和卵巢就自然会从腹腔脱出创口。

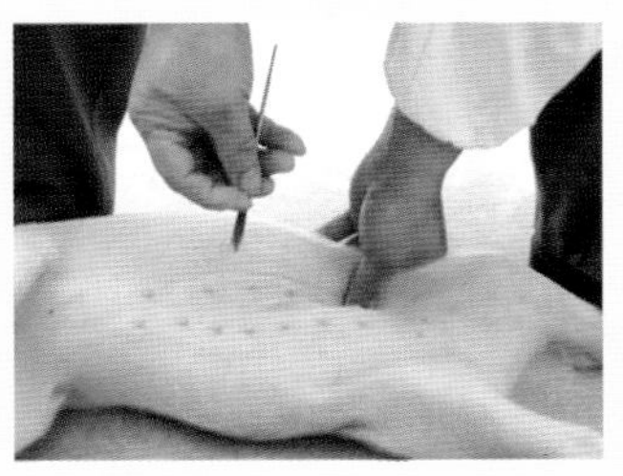

⑥ 摘除子宫。

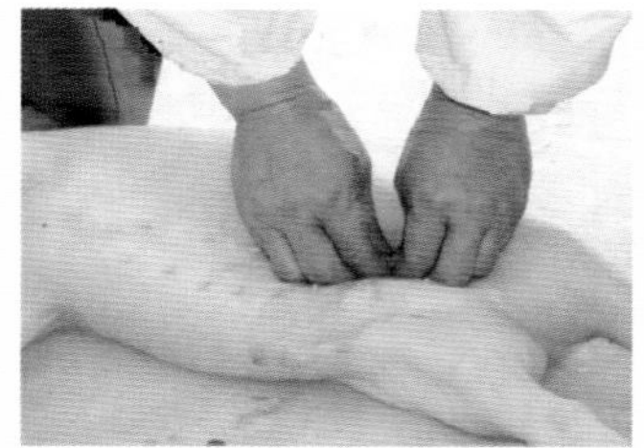

当子宫角暴露切口以外，应立即放下右手术刀，以食指、中指和无名指指尖合力压紧创口的右后缘，左手自然屈曲，并以食指第二指节的背面，用力压紧创口的左后缘，左右手交替滑动，拉出子宫角、子宫体和卵巢并摘除。

⑦ 结束手术。

操作完毕，提起仔猪的左后肢轻轻摇动一下，或用手捏住切口，将皮肤拉一拉，防止肠管嵌叠。切口用5%碘酊棉球涂擦即告手术结束。

【注意事项】

① 小母猪去势，操作时应注意保定确实、术部准确、充分压紧术部、摘除完全等事项。

② 术部要清洁卫生，并用5%碘酊消毒，必要时给仔猪注射精制破伤风抗毒素或提前注射类毒素。

③ 一刀切开腹膜时，要根据猪只大小、肥瘦、发育状况、饥饱程度和切开腹膜时的空洞感，来确定下刀的深度及角度，切忌损伤腹主动脉。

④ 小母猪去势一般不需要缝合，但对那些个体较小，腹膜层薄或手术过程中有扩创的猪只必要时缝上一针，连皮肤与腹膜一起缝，这样可以避免手术意外。

⑤ 术后停食一顿，主要是减轻腹内压，防止肠管、肠系膜等从创口脱出，造成创伤性腹疝和意外死亡。

3. 哺乳仔猪的断奶

仔猪断奶时间关系到母猪年产仔窝数和育活仔猪头数。一般工厂化、集约化养猪场，仔猪可在3～4周龄断奶，农村散养户可在4～5周龄断奶。仔猪断奶可采取逐渐断奶法、分批断奶法和一次断奶法。三种断奶方法的比较见表5-1。

表5-1　三种断奶方法的比较

方　法	基本方法	优　点	缺　点
逐渐断奶法	断奶前4～6天开始控制母猪和仔猪的接触与哺乳次数，并逐渐减少母猪饲料的日喂量，使仔猪由少哺乳到不哺乳有一个适应过程，以减轻断奶应激对仔猪的影响	减缓仔猪换料应激	比较麻烦，而且费工费力
分批断奶法	母猪断奶前7天左右先从一窝中取走一部分体重较大的仔猪断奶，使弱小仔猪继续哺乳一段时间再断奶	有利于仔猪的生长发育，断奶仔猪体重均衡	会延长哺乳期，影响母猪的繁殖成绩
一次断奶法	在仔猪达到预计断奶前3天开始逐渐减少哺乳母猪饲料的日喂量，到断奶日龄时将母猪一次隔出，仔猪留在原圈饲养	省工省时，便于操作	断奶方法来得突然，会引起仔猪应激和母猪烦躁不安或发生乳腺炎，对母猪和仔猪均不利

二、保育猪的饲养管理

保育猪是指断奶到60～75日龄的仔猪，又称断奶仔猪。养好保育猪，过好断奶关，必须做到“两维持”“三过渡”，即维持在原圈内管理，维持原来的饲料组成和原来的饲养方式；15天后再逐步做好饲料、饲养和环境的过渡。

1. 保育猪的生理特点

（1）抗寒能力差

保育猪没有皮下脂肪，抵御寒冷能力差，若长期在18℃以下将会影响其生长，并诱发多种疾病。适宜的温度为24～26℃。

保育猪需要适宜的温度

（2）生长发育快

保育仔猪仍处于生长发育时期，这一时期采食旺盛（抢食、贪食），绝对生长继续递增，日增重可达400g以上。

保育猪自动食槽采食

（3）对疾病的易感性高 断奶后的仔猪失去母源抗体的保护，自身的主动免疫能力又未建立或不坚强，对疾病易感，如传染性胃肠炎、萎缩性鼻炎、猪瘟、伪狂犬病等。

（4）消化能力和免疫功能发生矛盾 仔猪自身的消化系统和免疫系统的高速生长发育需要大量的营养物质，产生两个对仔猪生长不利的主要矛盾。

一是断奶仔猪有限的消化能力与大量采食消化固体饲料的矛盾，致使仔猪采食过多、消化不良等。

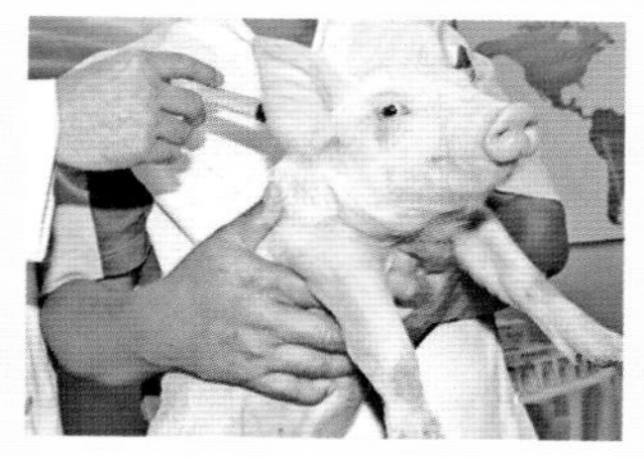

二是断奶仔猪由被动免疫向主动免疫的艰难转变与高压力的病原侵袭和频繁的疫苗注射刺激的矛盾，致使仔猪生长缓慢等。

（5）抗应激能力差

仔猪断奶后，因离开母猪开始完全独立的生活，对新环境不适应，若受到惊吓、舍温低、湿度大、消毒不彻底等，就会产生某种应激，均可引起条件性的腹泻等疾病。

断奶后仔猪容易发生应激

2. 保育猪的营养需要

保育猪的增重在很大程度上取决于能量的供给，仔猪日增重随能量摄入量的增加而提高，饲料转化效率也得到明显的改善；同时仔猪对蛋白质的需要也与饲料中的能量水平有关（表5-2）。

表5-2　保育猪的营养水平（NRC. 1998）

	消化能/（MJ/kg）	粗蛋白质/（g/kg）	赖氨酸（%）	钙（%）	总磷（%）
引进及杂交猪	14.2	20.95	1.15	0.70	0.60

3. 保育猪的饲养

对保育猪来说，最好是饲喂颗粒饲料，其次是生湿料，但不要喂熟粥料。要求少喂勤添，既保证生长发育所需营养物质，又不会因喂量过多使胃肠排空加快而造成饲料浪费（表5-3）。

表 5-3　保育猪的饲喂方式及喂量

断奶后第一周	为防止断奶后小猪暴食引起消化不良发生腹泻，断奶后 1 周可限量饲喂，以每天 50g 的量递增，5 天后每头小猪能采食 500g 为宜。但要保证每头小猪有足够的采食空间，每头小猪所需饲槽位置宽度为 15cm 左右
按顿饲喂	体重 20kg 以前日喂 6 次，20～35kg 日喂 4～5 次，日喂量占体重的 6% 左右
自动食槽饲喂	以 2～4 头仔猪共用一个采食位置为宜

4. 保育猪的管理

仔猪断奶后的最初几天，常表现出精神不安、鸣叫，寻找母猪。为了减轻仔猪的不安，最好采取赶母留仔的方法，即把母猪赶走，将仔猪留在原圈内饲养 1 周，1 周后原窝转入保育舍。

断奶后仔猪宜留在原圈饲养

（1）环境过渡　如原窝仔猪头数多少不一，需要重新分群时，应按体重、强弱分群饲养，并注意保持圈内清洁卫生、空气新鲜和适宜的温度（表 5-4）。

表 5-4　保育猪舍内的温度

日　　龄	30～40	41～60	61～90
温度/℃	21～22	21	20
相对湿度（%）	65～75	65～75	65～75

（2）调教管理

对新转群的断奶仔猪，要及时进行调教管理，使其逐渐养成在固定位置排便、睡卧、进食和饮水的习惯。对不到指定地点排便的仔猪可人为轰赶，一般经过3~5天的训练即可形成定位。

给新转群仔猪“三定点”

（3）实行仔猪网上培育

有条件的规模化猪场，可实行仔猪网上培育。其优点是可提高饲养温度，减少仔猪接触污染的机会，床面清洁卫生、干燥，能有效地遏制仔猪腹泻病的发生和传播。

网上培育仔猪

（4）环境消毒 仔猪转入保育舍前，应将圈舍彻底打扫干净，并用2%氢氧化钠等消毒液消毒。

（5）防寒防暑

在冬季，要注意防寒保温，保持猪舍干燥、温暖，以防止仔猪感冒、拉稀。

保育猪舍生火炉取暖

(6) 预防接种和驱虫

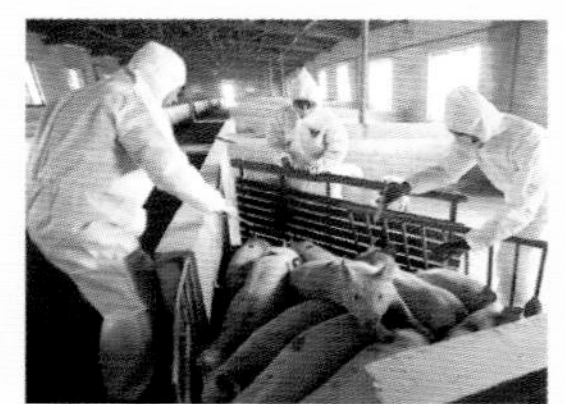

严格按照免疫程序，对保育猪进行有关疫苗免疫注射，并定期做好驱虫和消毒工作。

保育猪定期预防接种

在夏季，要注意防暑降温，可采取通风、洒水、遮阳等方法，以降低舍内温度。

保育猪舍通风降温

三、育肥猪的饲养管理

1. 育肥猪的生理特点和发育规律

根据育肥猪的生理特点和发育规律，按猪的体重将其生长过程划分为两个阶段，即育肥前期（生长期）和育肥后期（肥育期）。其生理特点和发育规律见表5-5～表5-8。

表5-5 生长期与肥育期的特点

期 别	阶 段	生长发育特点
生长期	20～60kg	机体各组织、器官的生长发育功能不很完善，尤其是刚刚20kg体重的猪，其消化系统的功能较弱，消化液中某些有效成分不能满足猪的需要，影响了营养物质的吸收和利用，并且此时猪只胃的容积较小，神经系统和机体对外界环境的抵抗力也正处于逐步完善阶段。此阶段主要是骨骼和肌肉的生长，而脂肪的增长比较缓慢

（续）

期　别	阶　段	生长发育特点
育肥期	60kg 至出栏	各器官、系统的功能都逐渐完善，尤其是消化系统有了很大发展，对各种饲料的消化吸收能力都有很大改善；神经系统和机体对外界的抵抗力也逐步提高，逐渐能够快速适应周围温度、湿度等环境因素的变化。此阶段猪的脂肪组织生长旺盛，肌肉和骨骼的生长较为缓慢

表 5-6　正常饲养条件下猪体重的绝对增长规律

初生体重为 1.0～1.2kg	7 日龄内日增重为 110～180kg
2 月龄体重为 17～20kg	日增重为 450～500kg
3 月龄体重为 35～60kg	日增重为 550～600kg
4～6 月龄体重为 60～110kg	日增重为 800～1000kg，以后生长速度减慢
特点	体重的增长呈慢—快—慢的趋势，平均为 600～700kg

表 5-7　正常饲养条件下猪体组织的绝对增长规律

骨骼	在 4 月龄前生长强度最大，随后稳定在一定水平上
皮肤	在 6 月龄前生长最快，其后稳定
肌肉	在体重 70kg 以前增长较慢
脂肪	70kg 以后增长最快
特点	小猪长骨，中猪长皮（指肚皮），大猪长肉，肥猪长油（脂肪）

表 5-8　正常饲养条件下猪体化学成分变化规律

初生仔猪	体内脂肪含量只有 2.5%
体重 10kg 时	猪体组织内水分含量为 73% 左右，蛋白质含量为 17%
体重 100kg 时	猪体组织内水分含量只有 49%，蛋白质含量只有 12%，脂肪含量高达 30%
特点	随着年龄的增长，猪体内蛋白质、水分及矿物质含量下降

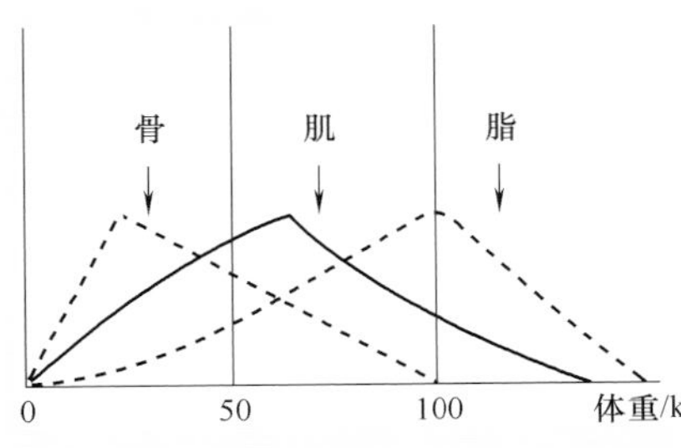

骨骼在40kg前生长强度最大，肌纤维同时增长；到了体重60kg以后，肌肉的生长则逐渐缓慢，而机体的脂肪沉积则逐渐加快。

猪体骨骼、肌肉、脂肪生长规律曲线示意图

2. 育肥猪的饲养

（1）营养需要 生长育肥猪的经济效益主要是通过生长速度、饲料利用率和瘦肉率来体现的，因此，要根据生长育肥猪的营养需要配制合理的日粮，以最大限度地提高瘦肉率和肉料比（表5-9）。

表5-9 生长育肥猪的营养需要

时期	消化能/（MJ/kg）	粗蛋白质（%）	赖氨酸（%）	钙（%）	磷（%）
生长期	12.97～13.97	16～18	0.56～0.64	0.50～0.55	0.41～0.46
育肥期	12.30～12.97	13～15	0.52	0.46	0.37

（2）饲养方式与育肥方式

1）饲养方式。饲养方式可分为自由采食与限制饲喂两种。

育肥猪采取自由采食有利于日增重但猪体脂肪量多，胴体品质较差。有时还会造成采食过多而造成消化不良拉稀。

猪自由采食饲养方式

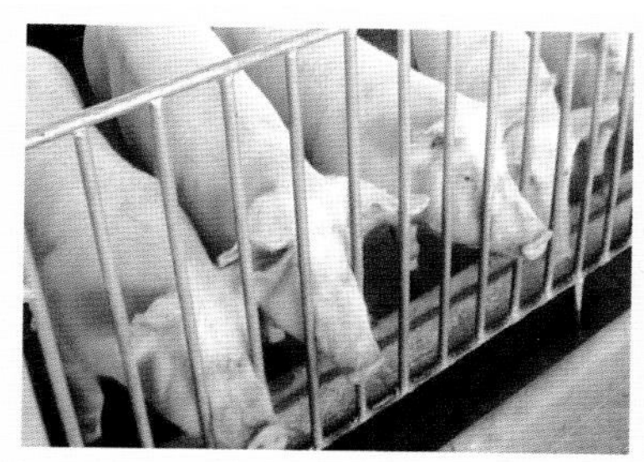

育肥猪采取限制饲喂方式，可提高饲料利用率和猪体瘦肉率，但增重不如自由采食快。

猪限制饲喂饲养方式

2）育肥方式。不同的肉猪育肥方式对肉猪的增重速度、饲料转化率和胴体品质的影响很大。目前应用最普遍的肉猪育肥方式是阶段育肥法。该方法符合肉猪的生长发育规律，使养猪生产达到了生产周期短、增重速度快、胴体瘦肉率高和经济效益好的目的。

阶段育肥法在养猪生产实际应用时，主要有两种育肥方案供选择。

一是两阶段育肥法（表 5-10）：将肉猪的整个育肥期分为育肥前期和育肥后期两个阶段进行饲喂，该方法适合于中小规模的养猪场和养猪户。

表 5-10　两阶段育肥法

阶段	体重/kg	消化能/（MJ/kg）	粗蛋白质（%）	饲喂方式
育肥前期	20～60	12.5～12.97	16～17	自由采食或不限量饲喂
育肥后期	60～100	适当降低饲料中的能量水平	适当降低饲料中的能量水平	实行限饲或限量饲喂

二是三阶段育肥法：为了使肉猪的育肥过程更加科学、高效，通常在充分考虑肉猪在不同阶段的生长发育特点的前提下，将肉猪的整个育肥期分为三个段：即 20～35kg 为育肥前期，35～60kg 为育肥中期，60～100kg 为育肥后期。

3. 育肥猪的管理

（1）合理分群 要根据猪的品种、性别、体重和吃食状况进行合理分群，以保证猪的生长发育均匀。

在分群时，要掌握留弱不留强、夜合昼不合的原则。一般 1～2 个月整群一次，注意饲养密度，夏天每头育肥猪要占圈 1.2m^2。

育肥猪分群分圈饲养

（2）调教与卫生 从小就加强猪的调教，使其养成三定位的习惯。

从小调教小猪养成在固定的地点吃食、睡觉和排粪尿的习惯。猪圈应每天打扫，定期消毒，保持清洁卫生，减少疾病的发生。

猪群养成“三定点”的习惯示意图

（3）供给充足清洁的饮水

在猪圈墙壁上安装自动饮水器，让猪能喝上充足清洁的饮水。饮水器的高度以与猪的肩等高为宜。

猪用自动饮水器喝水

（4）防寒与防暑 冬季猪舍温度过低时，猪用于维持体温的热能增高，使日增重下降；夏季温度过高时，猪采食欲下降，代谢增强，饲料利用率降低。

夏季采用猪舍密闭，纵向通风；春、秋季采用自然通风为主，附以机械通风；冬季采用猪舍密闭，通过中央进风管进风、屋顶风扇排风的通风方式。

猪舍通风防暑降温措施

（5）防止过度运动和惊恐 生长猪在育肥过程中，应防止过度的运动，特别是激烈地争斗或追赶。

猪只惊恐或过度运动，不仅消耗体内能量，更严重的是容易使猪患上一种应激综合征，常突然出现痉挛，四肢僵硬，严重时会造成死亡。

猪受惊吓常聚集在一起

（6）选择适宜的饲喂形态 饲料的饲喂形态主要分为颗粒料与粉料、湿料与干料、生料与熟料等。就饲用的效果讲，一般的规律是：颗粒料优于粉料，湿喂优于干喂，稠喂优于稀喂，生喂优于熟喂。最起码应该做到粉料拌湿，湿料生喂，颗粒料直接喂。

4. 提高生长育肥猪生产力的技术措施

（1）选择适宜的杂交组合 目前国内外广泛应用猪的经济杂交，杂交肉猪具有断奶窝重大、生活力强、生长速度快和饲料报酬高等优点。

试验证明，杂种猪比纯种亲本猪的增重可提高27%以上。一般规模猪场宜饲养杜长大外三元育肥猪，而散养户宜饲养杜长太（本）杂交育肥猪。

杜长大外三元育肥猪

（2）提高仔猪的初生重和断奶重

要获得良好的育肥效果，必须充分重视妊娠母猪的饲养管理和仔猪的培育，使其获得良好的发育。

哺乳仔猪吸吮母乳

（3）采用合理的饲喂技术

体重35kg以下的猪，以骨骼和肌肉生长为主，应少食多喂，每天宜饲喂3~4次；35~60kg的猪，每天应喂2~3次；体重60kg以后的猪，每天应喂2次。

给育肥猪喂食

（4）育肥猪的适期出栏

通常认为现代杂交肉猪体重90～110kg时出栏最适宜。但从生产和经营的实践角度看，确定何时出栏，体重只是一个方面。另一方面是市场行情的变化和直接有关育肥效益的其他因素。

育肥猪出栏装车示意图

1）以体重作为适期出栏标准。

在养猪生产中，不同品种和经济类型的猪出栏标准体重存在着很大的差异。

早熟、体型矮小的地方品种及其杂交猪70kg左右、中等体型的地方品种及其杂交猪75～80kg出栏最适宜。

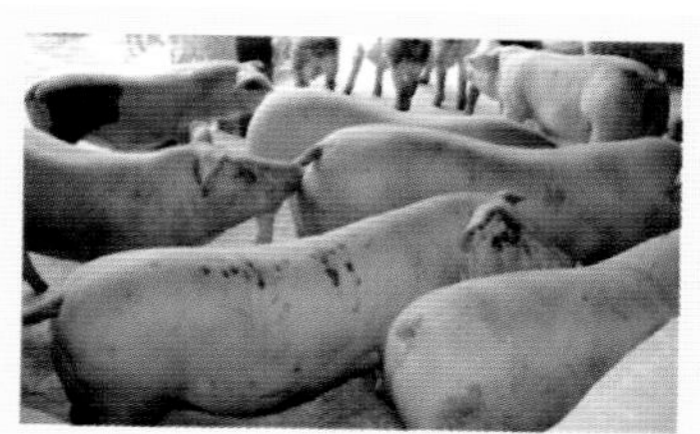

国外瘦肉型品种猪为父本，我国培育猪作母本的二元杂交猪85～95kg；两个瘦肉型品种猪作父本的三元杂交猪105～115kg出栏为宜。

以体重作为适期出栏标准

2）以经济效益作为适期出栏标准。猪育肥的最终目标是经济收入和效益。一般杂交肉猪体重 100kg 时料肉比为 3.5，110kg 时为 4.0，120kg 时为 4.5，130kg 以上时为 4.0 左右。何时出栏最合算，要根据猪的长势、饲料价格、生猪价格和市场形势计算效益决定。

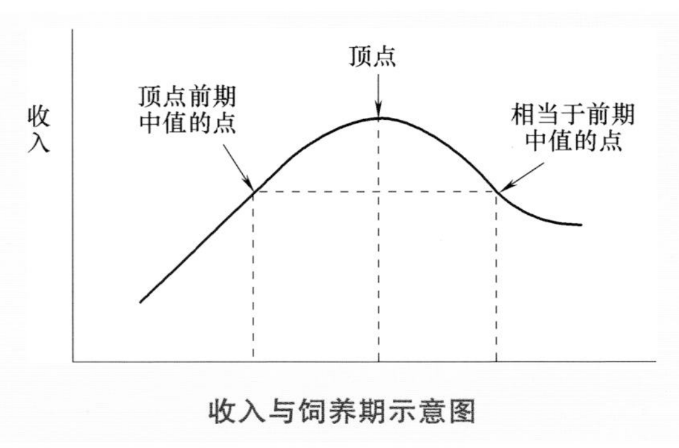

收入与饲养期示意图

如图所示，如果把养猪的经济收入和体重（或饲养期）的关系做成曲线，可以看出，在收入曲线的顶点之后的一定区间，甚至只要不低于顶点之前一段的平均数，都是很划算的。收入水平好不容易达到顶点水平之后，应当尽量延长和利用好这一段时间，当收入下降到低于前期中值点后，确实进入不够经济的阶段，就需要及时出栏。

第六章

猪群疫病防治

一、猪的传染病及其特性

1. 传染病和感染

凡是由病原微生物引起的，具有一定的潜伏期和临诊表现，并具有传染性的疾病称为传染病。

病原微生物侵入猪体，并在一定的部位定居、生长繁殖，从而引起机体一系列病理反应，这个过程称为感染或传染。

2. 传染病的特性

传染病的表现虽然多种多样，但却有一些共同性与非传染病相区别。其特性为：

1）传染病是由病原微生物与动物机体相互作用所引起的。

2）传染病具有传染性和流行性。

3）传染病具有一定的潜伏期和特征性的临诊表现。

4）被感染的猪只能发生特异性反应。

5）耐过猪只能获得特异性免疫。

3. 猪传染病流行过程的基本环节

猪传染病的蔓延流行，必须具备 3 个相互联系的条件，即传染源、传播途径及易感动物。

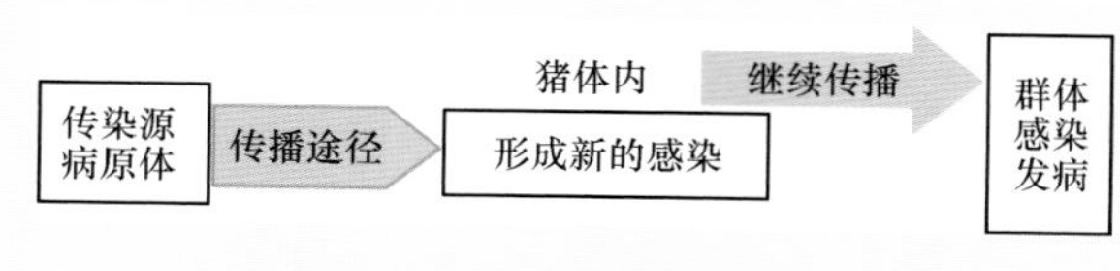

猪传染病流行过程 3 个环节示意图

（1）传染源 传染源是指某种传染病的病原体在其中寄居、生长、繁殖并能持续排出体外的动物机体。包括患病猪和病原携带者。

（2）传播途径 病原体由传染源排出后，经一定的方式再侵入其他易感猪所经过的途径称为传播途径。

传播途径可以分为水平传播和垂直传播两大类。

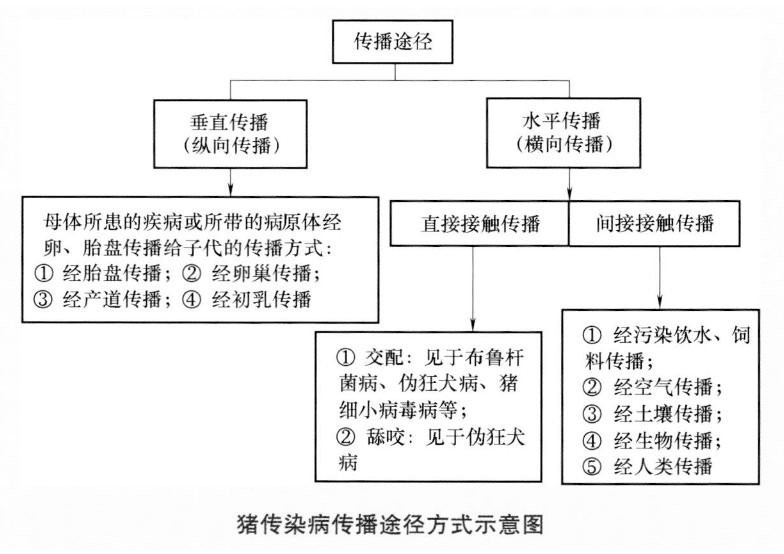

猪传染病传播途径方式示意图

（3）猪的易感性 猪对某种传染病容易感染的特性称为猪的易感性。具有易感性的猪群称为易感猪群。猪群中易感个体所占的比例，直接影响到传染病是否流行以及严重程度。

二、猪场的卫生防疫

1. 检疫与种群净化

做好检疫，避免引进带有病原微生物的猪，搞好种猪群净化都是消灭传染源的有效措施，所以检疫和种群净化为猪传染病防治的重中之重。

（1）检疫

应用各种诊断方法，定期或不定期地对猪群进行检疫检测，有针对性地采取有效措施，防止疫病的发生和传播。

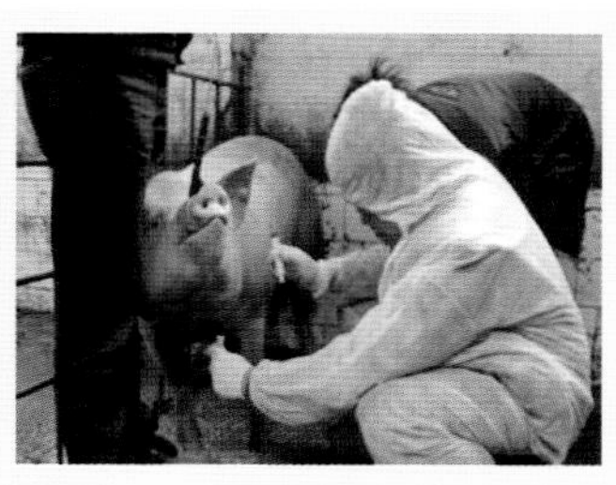

给猪颈静脉采血检疫

（2）种群净化　生产中检疫有时不能保证彻底根除疫病，因此，对引入本场的疫病就必须要加以控制和消灭，以逐步达到净化。

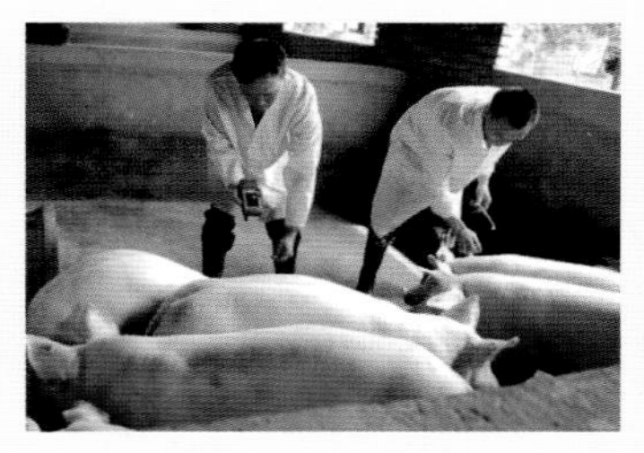

种群净化的具体措施就是用疫苗接种和结合血清学检测，淘汰野毒感染者和接种疫苗后不产生免疫应答及抗体水平过低者。

给猪群免疫接种

2. 消毒

消毒是贯彻“预防为主”方针的一项重要措施。其目的在于消灭被传染源散布在外界环境中的病原体，切断传染病的传播途径，防止传染病的发生和流行，是综合性防疫措施中最常用的重要措施之一。

（1）消毒的种类　根据消毒的目的，可分为三种。

1）预防性消毒。结合平时的饲养管理对生产区和猪群进行定期消毒，以达到预防一般传染病的目的。这点是养猪场一项经常性的工作。

预防性消毒主要包括日常对猪群及其生活环境的消毒，定期向消毒池内投放药物，对进入生产区内的人员和车辆消毒等。

猪场门前设置消毒池示意图

2）紧急消毒。是指猪群发生传染病时，为了及时消灭刚从病猪群体内排出的病原体而采取的消毒措施。

紧急消毒主要包括病猪所在栏舍、隔离场地以及被病猪分泌物、排泄物污染和可能污染的场所和用具的消毒。

对猪圈舍墙壁紧急消毒

3）终末消毒。是指在疫区解除封锁之前所进行的一次全方位的彻底消毒。

传染病发生后病猪痊愈或死亡，在解除封锁之前，为了消灭猪场内可能残留的病原体，必须进行全面彻底的大规模消毒。

猪场终末消毒

（2）消毒方法

1）机械消毒法。用机械的方法，如清扫、洗刷、通风等清除病原体是最简单的方法。

通过对猪舍地面的清扫、洗刷可以清除粪便、垫草、饲料残渣等，虽然此法不能达到彻底消毒的目的，但也为其他消毒方法打下了基础。

机械消毒法消毒猪舍

2）物理消毒法。即利用阳光、紫外线、干燥、高温（包括煮沸、火烧等）杀灭病原体。

阳光光谱中含有紫外线，有较强的杀菌灭毒能力。另外，阳光的灼热可造成水分蒸发、干燥，亦有杀灭病菌的作用。一般的病毒和细菌，在阳光照射下几分钟至数小时内就可被杀死。

阳光照射法消毒猪舍

3）化学消毒法。即利用化学药物的作用杀死细菌和病毒，以达到消毒目的。

在选择化学消毒剂时，应考虑对人畜毒性小、广谱高效、不损害被消毒的物体、容易溶于水、在消毒的环境中稳定、不易失去消毒作用、价格低廉和使用方便。

化学消毒法消毒

4）生物热消毒法。生物热消毒法用于被病猪污染过或没有污染过的粪便、垫草、污物的无害化处理。

将猪粪采取堆积发酵的方法，可使其温度达到70℃以上，经过一定时间可杀死芽孢以外的细菌、病毒、寄生虫卵等病原体，以起到消毒作用。

猪粪堆积发酵法消毒

高温火焰焚烧多用于抵抗力顽强的病原体及其引起的传染病尸体和垫草污物等的消毒；煮沸和蒸汽多用于一般病原体的消毒。

高温火焰法消毒

3. 灭虫灭鼠

蚊蝇及鼠都是猪传染病的重要传播媒介，尤其是鼠既偷食饲料又可以传播口蹄疫、伪狂犬病等多种传染病，因此，做好灭虫灭鼠工作具有重大意义。

4. 免疫接种

免疫接种是通过给猪接种疫苗、菌苗、类毒素等生物制剂作为其抗原物质，从而激发猪产生特异性抵抗力，使易感猪转化为非易感猪的一种手段。有组织有计划地进行免疫接种，是预防和控制猪传染病的重要措施之一。根据免疫接种时机的不同，分为预防接种和紧急接种两类。

（1）预防接种 在经常发生传染病的地区或有某些传染病潜在的地区，或受到邻近地区某些传染病经常威胁的地区，为了防患于未然，给健康猪群进行的免疫接种称为预防接种。

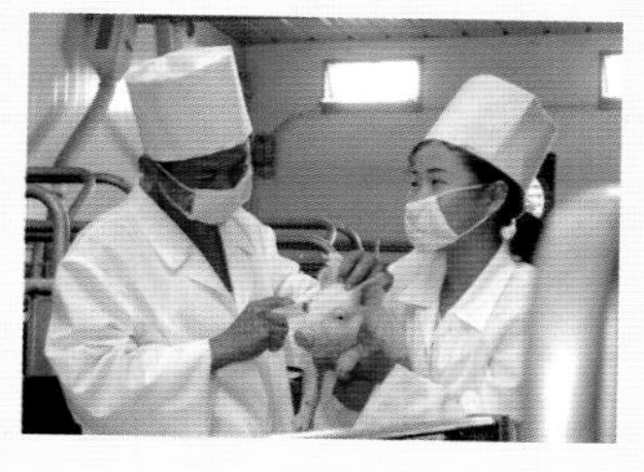

预防接种通常使用疫苗。根据疫苗的免疫特性，可采取注射、喷鼻等不同途径。接种疫苗后经一定时间，可产生免疫力。根据免疫要求可通过重复接种强化免疫力和延长免疫保护期。

给小猪接种疫苗

在预防接种时应注意以下问题：

1）要根据猪群中所存在的疾病和所面临的威胁来确定接种何种疫苗，制订免疫接种计划。对于从来没有发生过的、也没有可能从别处传来的传染病，就没有必要进行该病的预防接种。对于从外地引进的猪要及时进行补种。

2）在预防接种前，应全面了解猪群情况，如猪的年龄、健康状况、是否处在妊娠期内等。

在接种时，如果年龄不适宜、有慢性病、正处在妊娠期等最好暂时不要接种，以免引起猪的死亡、流产等；或者产生不理想的免疫应答。

接种疫苗前检查猪体状况

3）如果当地某种疫病正在流行，则首先安排对该病的预防接种。如无特殊疫病流行则应按计划进行预防接种。

4）如果同时接种两种以上的疫苗，要考虑疫苗间的相互影响。如果疫苗间在引起免疫反应时互不干扰或互相促进可以同时接种。如果相互抑制就不可以同时接种。

5）制定合理的免疫程序。猪场需要使用多种疫苗来预防不同的传染病。因此，必须根据各种疫苗的免疫特性来制定合理的预防接种次数和间隔时间，即免疫程序。

6）重视免疫监测，正确评估猪群的免疫状态，为制定合理的免疫程序做好准备。

通过免疫监测，清除在进行免疫接种后不产生抗体的有免疫耐现象的猪，以及其他一些不能使抗体上升到保护水平的猪。

免疫监测清除不合格的猪

（2）紧急接种　在发生传染病时，为了迅速扑灭和控制疫病的流行，而对疫区和受威胁区尚未发病的猪进行的应急性免疫接种。

在紧急接种时，应注意猪的健康状况，对于病猪或受感染猪接种疫苗可能会加快发病。由于貌似健康的猪群中可能混有处于潜伏期的患猪，因而，对外表正常的猪群进行紧急接种后一段时间内可能出现发病率增加，但是急性传染病潜伏期短，接种疫苗又很快产生免疫力，所以发病率不久即可下降，最终使流行平息。

紧急接种疫苗要符合“疫情初期、个别猪只感染而大部分猪仅受威胁、已经确诊、针对疫情用苗”等诸多条件后再实施。养猪生产实践中，灭活疫苗一般不推荐用于紧急接种。

猪群紧急接种疫苗

5. 药物预防

猪场传染病种类很多，其中有些病已研制出有效疫苗，还有一些病目前尚无疫苗，或有些病虽有疫苗但实际应用有局限性。因此，在实际生产中，除做好检疫、消毒、免疫接种等工作外，药物预防也是必不可少的一项措施。

药物预防要依据传染病流行规律或临诊结果，有针对性地选择药物，适时进行预防和治疗。预防所用药物要有计划地轮换使用，防止耐药菌株出现。混饲要均匀，严格把握休药期。

给猪群投放药物预防疾病

6. 猪传染病的扑灭措施

1）发生疑似重要传染病应立即向有关部门报告疫情。

2）在做出诊断之前，果断隔离病猪并紧急消毒，封锁猪场。

3）迅速做出诊断，在有关部门配合下，进行流行病诊断、临诊及病理学诊断、病原学诊断、血清学诊断。

4）在确诊的基础上进行紧急接种、治疗。

5）无害化处理病、死猪。

病死猪最好是高温焚尸处理，也可在离猪场、村庄、水源、公路等较远的僻静地点，挖1～2m的深坑，在尸体上撒上石灰粉等消毒药物，连同停放死猪地面的泥土铲起一同掩埋。

病死猪焚尸掩埋示意图

 三、目前猪病发生与流行的主要特点 

1. 老疫病仍存在

随着我国集约化、规模化养猪业的发展和市场经济的建立，流通渠道的增多，造成了疫病流行的客观条件，导致一些已控制的传染病，如水疱性疾病、猪瘟等又重新抬头，呈扩散之势。

2. 新疫病不断增多

近年来，从国外引进种猪的品种数量增多。由于缺乏有效的检测手段，致使一些新病如猪增生性肠炎、猪断奶后多系统衰竭综合征、猪副嗜血杆菌病等疾病传入我国。目前虽在部分地区出现，但具有很大潜在危险，必须引起高度重视。

3. 多病原混合感染

现在猪发生疾病，多为多病原混合感染如仔猪腹泻，通常是仔猪黄痢、白痢、猪传染性胃肠炎、猪流行性腹泻等疾病混合感染及环境因素影响等而引起。这种多病原的混合感染，给诊断和防治带来困难。要求诊断分清主次，流行病学、临床症状、病理剖检与实验室检验综合分析，才能做出正确诊断。

4. 繁殖障碍综合征普遍存在

由于不同病原引起的猪繁殖障碍综合征普遍存在，已证实与其有关的疫病有30种以上。目前在我国，危害较大的主要有日本乙型脑炎、细小病毒感染、蓝耳病（猪繁殖与呼吸障碍综合征）、猪伪狂犬病、衣原体感染、弓形体和繁殖障碍性猪瘟等疫病。

5. 猪呼吸道病日益突出

目前普遍认为保育仔猪和生长猪呼吸道病日益严重且不易控制。应该考虑蓝耳病、猪伪狂犬病、断奶仔猪多系统衰竭综合征、猪传染性胸膜肺炎、猪喘气病和猪副嗜血杆菌病等疾病的感染。饲养管理的食物和环境的恶化也致使呼吸道病日益突出。

6. 某些细菌病和寄生虫病危害加重

随着集约化养猪场的增多和养猪规模不断扩大，污染变得更加严重，细菌性疾病和寄生虫病明显增多。如大肠杆菌病、猪链球菌病、猪附红细胞体病、疥螨感染等疾病。其中不少病原广泛存在于养猪环境中，通过多种途径传播。

7. 猪的非典型性疾病持续增多

非典型性疫病病例的数量明显增多，如猪瘟、蓝耳病、伪狂犬病等都出现了非典型病例，特别是不发达地区的养猪场、散养户饲养的猪只发病率较高，给诊断与防治带来了很大难度。

8. 免疫抑制性疾病危害逐渐加大

免疫抑制性疾病除了直接危害猪体外，还造成机体免疫抑制，引起疫苗接种反应的副作用增大，并使免疫失败。当前常见的疫病主要有猪瘟、蓝耳病、猪流行性感冒、圆环病毒病、口蹄疫和猪副嗜血杆菌病等。

9. 营养代谢病和中毒性疾病增多

饲料配合不当或储备存放时间过长，营养损失，维生素、微量元素等缺乏，霉菌与霉菌毒素、农药中毒，添加过量痢菌净、硫酸新霉素等药物以及灭鼠药等引起的中毒，时有发生。

10. 饲养方式及环境对某些疫病的影响

当前集约化养猪场均采用限位饲养，肢蹄病、生殖道病、皮肤病等日益严重。

四、猪的常见疫病防治

1. 猪瘟

猪瘟俗称“烂肠瘟”，是由猪瘟病毒引起的一种急性、热性、接触性传染病。不分年龄、性别、体重大小，也不分季节，一旦猪群中一头发病，会很快在全群中流行，死亡率较高。该病的潜伏期平均为7天。

【临床症状】

（1）最急性型 病猪常无明显症状，突然死亡，一般出现在初发病地区和流行初期。

（2）急性型 病猪精神差，发热，体温40～42℃，呈现稽留热，喜卧、弓背、寒战及行走摇晃。食欲减退或废绝，喜欢饮水，有的发生呕吐。初期便秘，干硬的粪球表面附有大量白色的肠黏液；后期腹泻，粪便恶臭，带有黏液或血液。公猪包皮发炎，阴鞘积尿，用手挤压时有恶臭浑浊液体射出。小猪可出现神经症状，表现后退、转圈、强直及游泳状等。

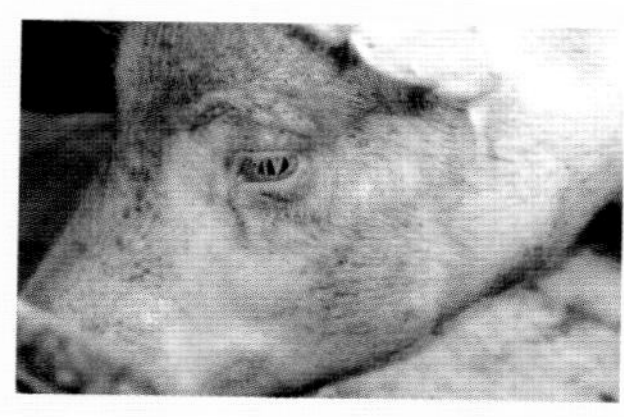

急性猪瘟时常发生结膜炎，有的流脓性分泌物，将上下眼睑粘住，不能张开，鼻流脓性鼻液。

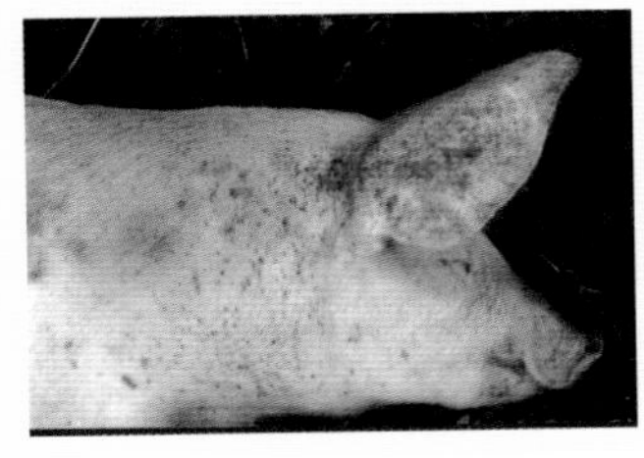

病猪的鼻端、耳后根、腹部及四肢内侧的皮肤及齿龈、唇内、肛门等处黏膜出现针尖状出血点，指压不退色，腹股沟淋巴结肿大。

（3）慢性型　多由急性型转变而来，体温时高时低，食欲不振，便秘与腹泻交替出现，逐渐消瘦、贫血，衰弱，被毛粗乱，行走时两后肢摇晃无力，行走不稳。

慢性型猪瘟病猪的耳尖、尾端和四肢下部成蓝紫色或坏死、脱落，病程可长达一个月以上，最后衰弱死亡，死亡率极高。

（4）温和型　又称非典型，主要发生较多的是断奶后的仔猪及架子猪，表现症状轻微，病程较长，体温在40℃左右，皮肤无出血小点，但有瘀血和坏死，食欲时好时坏，粪便时干时稀，机体十分瘦弱，致死率较高，也有耐过的，但生长发育严重受阻。

【病理变化】　急性猪瘟主要呈现败血症变化，其皮肤或皮下有出血点；腭凹，颈部、鼠蹊、内脏淋巴结肿大，呈暗红色，切面周边出血；喉头黏膜、会厌软骨、膀胱黏膜、心外膜、肺及肠浆膜有出血。

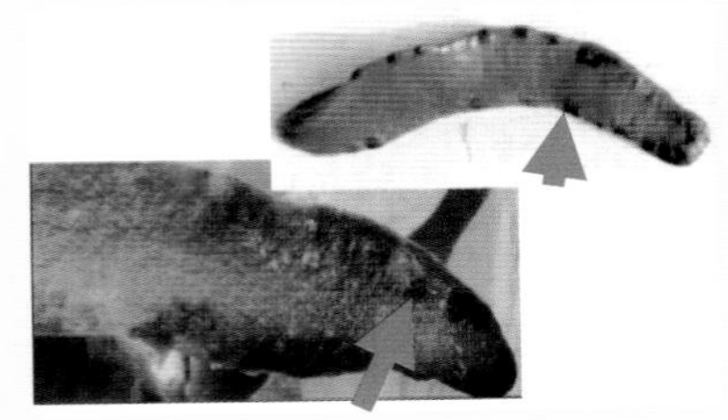

急性猪瘟其脾脏常出现出血性梗死，边缘呈紫黑色，有边界清楚的隆起斑块。

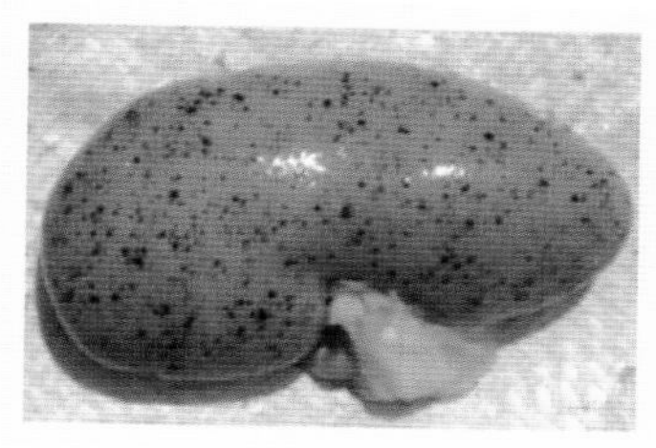

急性猪瘟时肾脏颜色变浅，不肿大，被膜上有数量不等的点状出血。

慢性病猪特征性病理变化是盲肠、结肠及回盲口处黏膜上形成扣状溃疡。

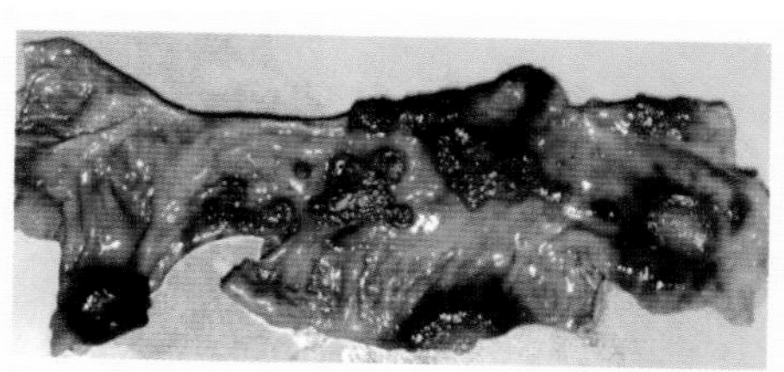

【防治措施】 目前，对于该病还没有有效的治疗方法，主要靠平时的预防。

1）每年的春、秋两季，除对成年猪普遍进行一次猪瘟兔化弱毒疫苗注射外，对断奶仔猪及新购进的猪都要及时防疫注射。

2）猪瘟常发疫区，仔猪出生后 21～30 日龄注射一次疫苗，55～60 日龄仔猪断奶后再注射一次，保护率可达 100%。

3）紧急免疫接种，在已发生疫情的猪群中，对周围无病区和无病猪舍的猪做紧急预防注射，能起到控制疫情和防止疫情扩大蔓延的作用。

4）加强饲养管理，定期进行猪圈消毒，提高猪群整体抗病力，杜绝从疫区购猪。新购入的猪应隔离观察 15～30 天，证实无病，并注射猪瘟疫苗后方可混群。

5）在猪瘟流行期间，饲养用具每隔 3～5 天消毒一次。病猪消毒后，彻底消除粪便、污物，铲除表土，垫上新土，猪粪应堆积发酵。在病猪初期，可试用抗猪瘟血清给猪注射，其剂量为每千克体重 2～3mL，每天注射一次，直至体温恢复正常。

2. 猪口蹄疫

猪口蹄疫是由口蹄疫病毒所引起的主要以牛、羊、猪等偶蹄动物发生的一种烈性传染病。该病传播快，发病率高，是世界上危害最严重的家畜传染病之一。病的潜伏期为 1～2 天。

【临床症状】 发病猪一般体温不高或稍高（40～41℃），最初表现不愿行走、跛行，不食，继而蹄冠、趾间发生红肿，不久逐渐出现水疱。疗程稍长者也可见到口腔及面上有水疱和糜烂。哺乳母猪乳头的皮肤常见有水疱、烂斑，吃奶仔猪通常呈急性胃肠炎和心肌炎而突然死亡，死亡率可达 60%～80%。

【病理变化】 病理剖检除口腔、蹄部的水疱和烂斑外，在咽喉、气管、支气管和胃黏膜有时可出现圆形烂斑和溃疡，上盖有黑棕色痂块。心肌出现“虎斑心”典型病变，此项病变尤以突然死亡的仔猪明显。

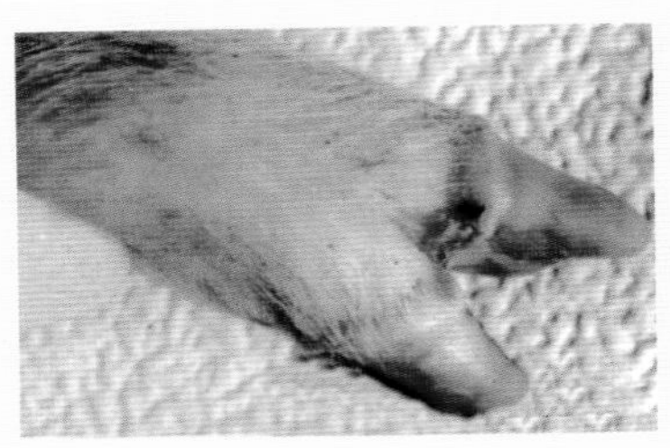

猪的蹄冠、趾间出现米粒大、蚕豆大充满灰白色或灰黄色液体的水疱，破裂后表面出血，形成暗红色糜烂。如有继发感染，严重者侵害蹄叶、蹄壳脱落，患肢不能着地，常卧地不起。

猪的心包膜有弥散性及点状出血，心肌切面有灰白色或浅黄色斑点或条纹，好似老虎身上的斑纹，称之为“虎斑心”。

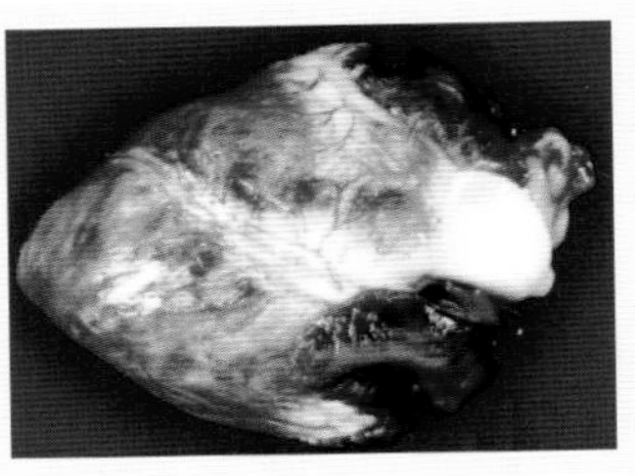

该病易与水疱病、猪水疱疹、水疱性口炎混淆，单从症状与病理变化，不能做出判断，只有从自然感染家畜的情况和水疱液接种小动物的观察结果才能予以鉴别。

【防治措施】

1）当猪场有疑似口蹄疫发生时，除及时进行诊断外，应向上级有关部门报告疫情。同时，在疫场（或疫区）严格实施封锁、隔离、消毒、治疗等综合性措施。在最后一头病猪痊愈后 15 天，经过全面大消毒，方可解除“封锁”。

2）对猪场的健康猪，应立即注射口蹄疫灭活疫苗（不能用弱毒疫苗），每头猪5mL，颈部皮下注射。注射后12天产生免疫力，免疫期为两个月。

3）病猪的蹄部可用3%臭药水或煤酚皂溶液洗涤，擦干后涂搽鱼石脂软膏，再用绷带包扎。乳房可用2%～3%硼酸水清洗，然后涂上青霉素或金霉素软膏等，定期将奶挤出以防发生乳腺炎。

4）口腔可用清水、食醋或0.1%高锰酸钾溶液洗漱，糜烂面上可涂以1%～2%明矾或碘甘油（碘7g、碘化钾5g、酒精100mL，溶解后加入甘油10mL），也可撒布冰硼散（冰片15g、硼砂150g、芒硝18g，共为末）。

5）小猪发生恶性口蹄疫时，应静脉或腹腔注射5%葡萄糖盐水10～20mL，加维生素C 50mg，皮下注射安钠加0.3g。有条件的地方可用病愈牛全血（或血清）治疗。据报道，用结晶樟脑口服，每天2次，每次5～8g，可收到良好效果。

6）保持猪圈干燥、卫生、保温，对不能自由行走和吃食的患猪，可用盆端着饲喂，不能让猪只缺水和缺食。

3. 猪繁殖和呼吸障碍综合征

猪繁殖与呼吸综合征又称猪蓝耳病，是由蓝耳病病毒引起的猪的一种以发热、厌食，妊娠母猪晚期流产、早产、产死胎、弱胎和木乃伊胎，各种年龄猪（特别是仔猪）呼吸障碍为特征的一种高度传染性疾病。仔猪发病率可达100%，死亡率可达50%以上；母猪流产率可达30%以上，继发感染严重时成年猪也可发病死亡。

【临床症状】 猪群常突然发病，初期发病猪表现为耳朵发热，体温41℃左右，食欲减少或废绝，出现不同程度的呼吸困难。

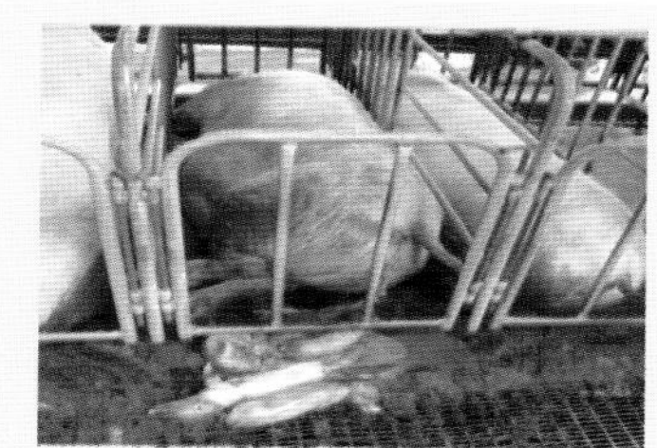

妊娠后期，母猪发生流产、早产、死胎、木乃伊胎、弱仔。母猪流产率可达50%～70%，死产率可达35%以上，木乃伊胎可达25%。

部分新生仔猪表现呼吸困难、运动失调及轻瘫等症状，产后1周内死亡率明显增高（40%以上）。少数母猪表现为产后无乳、胎衣停滞及阴道分泌物增多。

病程较长的猪只体温大都正常，常表现为食欲不振、消瘦、被毛粗乱，有的关节肿胀，表现为跛行。

临床上经常会与猪瘟、伪狂犬病、圆环病毒病、副伤寒、猪副嗜血杆菌病等混合感染，病情复杂，危害严重。

【病理变化】

大部分病猪耳朵、腹部皮肤及肢体末端等处皮肤呈紫红色斑块状或丘疹样，指压不褪色；眼结膜发炎、眼睑水肿，咳嗽、气喘，鼻孔流出泡沫或浓鼻涕等分泌物，有的可能死亡。

扁桃体出血、化脓；脑出血、瘀血，有软化灶及胶冻样物质渗出；心肌出血、坏死；脾脏边缘或表面出现梗死灶；淋巴结出血；肾脏呈土黄色，表面可见针尖至小米粒大出血斑点；部分病例可见胃肠道出血、溃疡、坏死。

剖检主要病变是肺水肿、出血、瘀血，以心叶、尖叶为主的灶性暗红色实变，肺脏体积变小，失去气体交换功能。

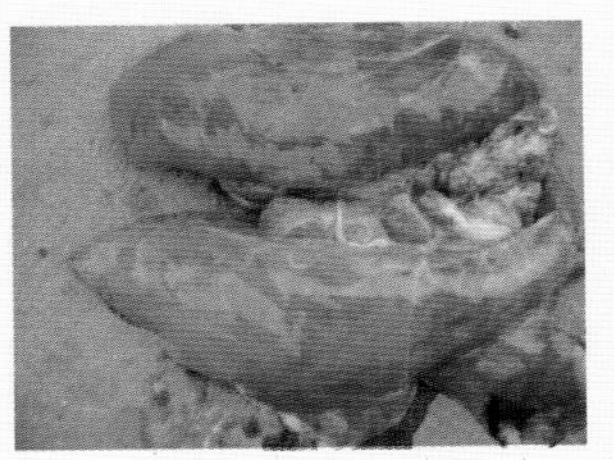

【防治措施】

1）高温季节做好猪舍的通风和防暑降温，提供充足的清洁饮水，保持猪舍干燥和合理的饲养密度。

2）接种疫苗。根据周边疫情和自身猪场情况，接种蓝耳病疫苗。规模饲养场全部母猪和公猪都要进行，基础免疫进行2次，间隔3周，以后每隔5个月免疫1次。

3）加强消毒。清除粪便及排泄物后，用3%～5%氢氧化钠溶液对猪舍内及周边环境消毒，特别是进出猪场的车辆。建议高热季节一周消毒2次。

4）坚持自繁自养的原则。建立稳定的种猪群，不轻易引种。如必须引种，首先要搞清所引猪场的疫情，此外，还应进行血清学检测，阴性猪方可引入，坚决禁止引入阳性带毒猪。引入后必须建立适当的隔离区，做好监测工作，一般需隔离检疫4～5周，健康者才可混群饲养。

5）妥善处理好病死猪。根据国家的有关法律法规及规章的规定，养猪场（户）要及时采取深埋、焚烧等无害化方法处理死胎、死猪，严格控制病猪的流动，严防疫情扩散蔓延。

6）防治原则。补充营养，抗病毒，提高机体免疫力，对症治疗和防止混合感染。

4. 猪伪狂犬病

猪伪狂犬病是由猪伪狂犬病毒引起的猪的急性传染病。该病在猪群中常呈暴发性流行。主要引起妊娠母猪流产、死胎，公猪不育，新生仔猪的大量死亡等，是危害全球养猪业的重大传染病之一。

【临床症状】 新生仔猪感染伪狂犬病毒会引起大量死亡，一般第1天表现正常，第2天开始发病，3～5天内是死亡高峰期，有的整窝死光。同时，还表现出明显的神经症状，有的呕吐、拉稀，一旦发病，1～2天内死亡。

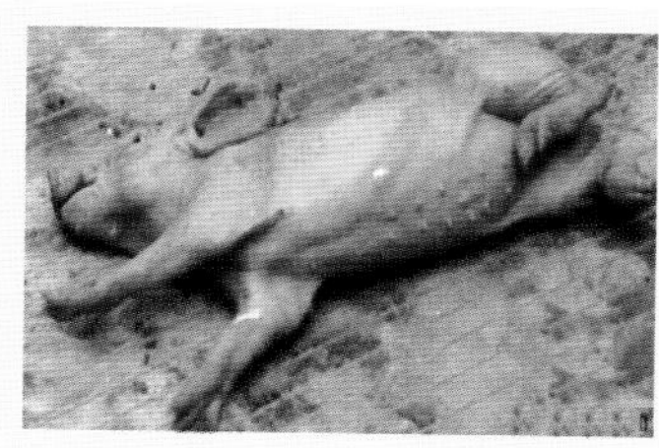

患病仔猪常突然发病，体温上升达41℃以上，精神极度委顿，发抖，运动不协调，痉挛，呕吐，腹泻，有的躺在地上四肢呈划水样动作。

断奶仔猪感染时，发病率在20%～40%，死亡率在10%～20%，主要表现为神经症状、拉稀、呕吐等。

成年猪一般为隐性感染，若有症状也很轻微，易于恢复。主要表现为发热、精神沉郁，有些病猪呕吐、咳嗽，一般于4~8天内完全恢复。妊娠母猪可发生流产、产木乃伊胎儿或死胎，其中以死胎为主，无论是头胎母猪还是经产母猪都发病，而且没有严格的季节性，但以寒冷季节及冬末春初多发。有的种猪表现不育症，有的表现出睾丸肿胀、萎缩，丧失种用能力等。

该病与猪狂犬病、猪脑脊髓灰质炎和李氏杆菌病易混淆，需予区别。

【病理变化】 一般无特征性病变。如有神经症状，脑膜明显充血、出血和水肿，脑脊髓液增多。扁桃体、肝脏和脾脏均有散在白色坏死点。肺水肿、有小叶性间质性肺炎、胃黏膜有卡他性炎症，胃底黏膜出血。流产胎儿的脑和臀部皮肤有出血点，肾脏和心肌出血，肝脏和脾脏有灰白色坏死灶。

【防治措施】

1）该病无特效药物治疗，主要是依靠注射疫苗来预防。一般乳猪出生时用基因缺失苗滴鼻，断奶后再接种1次。对3月龄以上的猪可注射1mL弱毒苗同时注射油苗免疫。成年猪和妊娠猪在产前半月注射2mL弱毒苗，同时注射油苗免疫。免疫母猪所生仔猪宜在2周左右首免，以避免母源抗体干扰。一般非疫区不主张免疫。

2）严格检疫，培育健康猪群。坚持自繁自养，引进种猪时，严禁引入疫区猪，引进后需经隔离检疫合格方可入群，对猪群进行反复多次的血清学检查，淘汰阳性猪，培育健康猪群。

3）当暴发该病时，使用有保护作用的免疫血清可有效减轻疫情，降低死亡率，尤其对仔猪有明显效果。发病猪舍用2%~3%氢氧化钠或20%石灰乳消毒，感染病猪隔离饲养，并做好灭鼠工作，以切断传播途径环。

5. 猪圆环病毒病

猪圆环病毒病是由猪圆环病毒Ⅱ型所引起的一种新的猪传染病，主要发生在5~16周龄的猪，以6~8周龄的猪多发，极少感染乳猪。一般于断奶后2~3天或1周开始发病，急性发病猪群中，病死率可达10%，耐过猪后期发育明显受阻。但常常由于并发或继发细菌或病毒感染而使死亡率大大增加，病死率可达25%以上。该病可经口腔、呼吸道途径感染，妊娠母猪感染该病毒后，也可经胎盘垂直传播感染仔猪，并导致繁殖障碍。

【临床症状】 患猪临床表现症状多种多样，如新生仔猪的先天性阵颤、断奶仔猪多系统衰弱综合征和皮炎肾病综合征、猪呼吸系统复合体病、繁殖障碍等。其中，断奶仔猪多系统衰弱综合征、皮炎肾病综合征和繁殖障碍在临床上常见，对养猪业危害较大。

发生断奶仔猪多系统衰弱综合征的仔猪，多表现为生长发育不良，逐渐消瘦、体重减轻，皮肤与可视黏膜苍白或黄疸，贫血，衰竭无力，呼吸困难、咳嗽、气喘，有的腹泻，最后衰竭死亡。

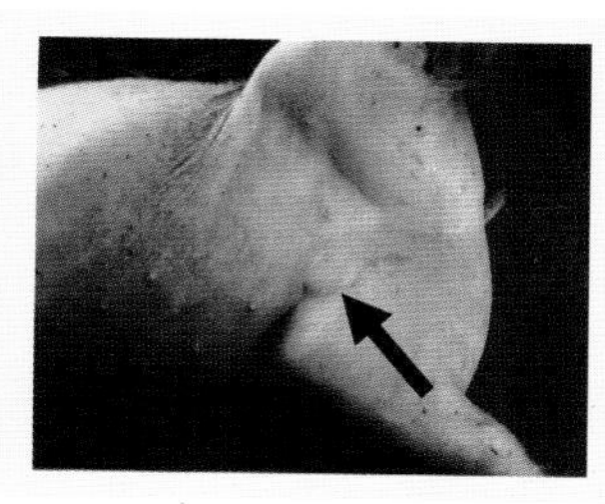

病猪腹股沟淋巴结肿大外露明显。

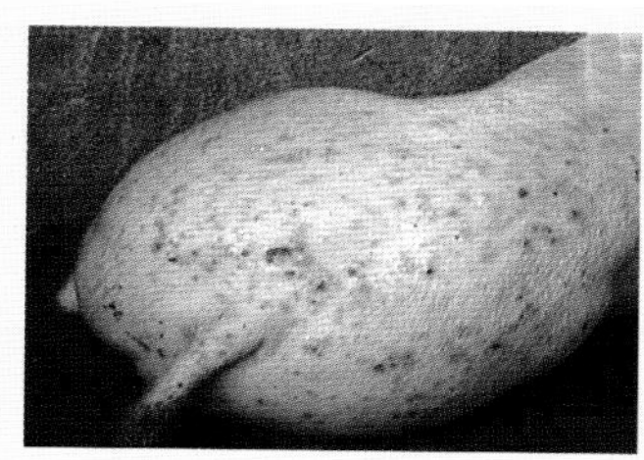

发生皮炎肾病综合征的患猪，表现为皮肤出现不规则的红紫斑及丘疹，最先出现在猪体后1/4、四肢和腹部，然后蔓延到胸部、腰背部和耳部。

随着病程延长，病变区破溃、结痂呈黑色。病情轻者体温不高、生长缓慢，较重者体温升高、厌食和出现瘸腿。病久者常出现眼圈发紫，耳朵发青，身体发绀，最后窒息死亡。

【病理变化】 患猪消瘦，贫血，皮肤苍白，黄疸；淋巴结异常肿胀，全身淋巴结肿大（有的可达正常的3～4倍），切面为均匀的白色；肺部有灰褐色弥漫性炎症，比重增加，坚硬似橡皮样；肝脏发暗，呈浅黄到橘黄色外观，萎缩，肝小叶间结缔组织增生；肾脏水肿（有的可达正常的5倍）、苍白，被膜下有坏死灶；脾脏轻度肿大，质地如肉；胰脏、小肠和结肠也常有肿大及坏死病变。

【防治措施】

1）接种猪圆环病毒疫苗，建议使用基因工程疫苗灭活苗。

2）完善猪场饲养管理。条件许可的情况下，尽可能采用分段同步生产、两点式或三点式饲养方式。

3）加强饲养管理，减少仔猪应激，禁止饲喂发霉变质的饲料，做好猪舍通风换气；保持猪舍干燥，降低猪群的饲养密度。

4）改进或改善饲料品质。日常饲养中，可在猪只饮水中添加黄芪多糖和电解多维；饲料中添加含多西环素、氟苯尼考、泰乐菌素和增效剂的预混料，增强猪体抵抗力，防止继发感染。

5）有效的环境卫生和消毒措施，减少病毒感染机会。

6）制定并严格执行合理的免疫程序，适时对猪群进行圆环病毒、猪瘟、蓝耳病等疫病的免疫接种，并定期监测猪群抗体水平，及时处理阳性猪。

7）引种时检疫隔离，对于人工授精的猪场，选择无圆环病毒II型污染的精液。

8）病猪隔离，及时综合对症治疗，严重者淘汰并无害化处理。

6. 猪链球菌病

猪链球菌病是致病性链球菌感染而引起人畜共患的一些疾病的总称。猪只常发生化脓性淋巴结炎、败血症、脑膜脑炎及关节炎。一年四季均可发生，但以5～11月发生较多，大小猪均能感染，但其中以架子猪和妊娠母猪发病率较高。

【临床症状】 根据病程可分为急性败血型、脑膜脑炎型、关节炎型、淋巴结脓肿型等几种类型。

急性败血型多突然发生，体温升高到40～42℃，精神沉郁，食欲减退，全身症状明显。部分病例也有腹泻、血尿、皮肤点状或斑状出血等现象。

脑膜脑炎型病猪，常出现神经症状，表现为惊厥、震颤、圆圈运动或侧卧倒地四肢摆动。

关节炎型的病猪常出现二肢或四肢关节肿胀、疼痛，肢体软弱，行动摇摆，步态僵硬，跛行，重者不能站立。

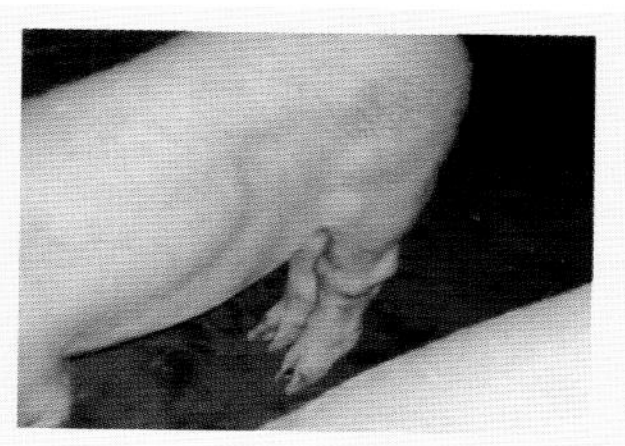

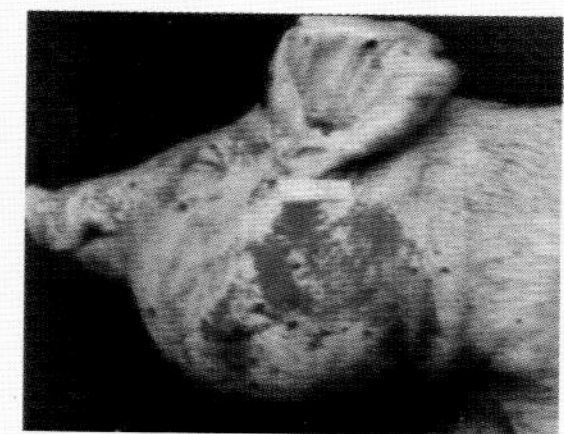

淋巴结脓肿型，多见领下淋巴结、咽部和颈部淋巴结肿胀，有热痛，根据发生部位不同可影响采食、咀嚼、吞咽和呼吸。扁桃体发炎时体温可升高到41.5℃以上。

【病理变化】 败血型主要为出血性败血症病变和浆膜炎，体表有局限性化脓性肿胀，全身淋巴结肿大、出血；心内膜出血，心包、胸腔、腹腔有纤维素性炎症变化；脾脏肿大、出血，胃黏膜充血、出血，有溃疡。脑膜脑炎型，脑膜充血、出血；少数脑膜下有积液，脑切面可见白质和灰质有小点出血，骨髓也有类似症状。

败血型病例，胸主动脉浆膜出现弥散性出血斑点。

【防治措施】

1）加强饲养管理，注意环境卫生，经常对可能污染的环境、用具消毒，及时淘汰病猪。健康猪可用猪链球菌弱毒活菌苗接种。

2）治疗时可选用青霉素，每千克体重3000～4000国际单位，肌内注射，每天2次，连续3～5天。土霉素口服，每千克体重0.05～0.1g，每天分2次。磺胺嘧啶，日剂量为每千克体重80mg，分3次口服，连服5天。以上药物如能两种药物联合或交叉应用，则效果更好。但必须坚持连续用药和给足药量，否则易复发。

3）对于病猪体表脓肿，初期可用5%碘酊或鱼石脂软膏外涂，已成熟的脓肿，可在局部用碘酊消毒后，用刀切开，将浓汁挤尽后，撒些消炎粉。

7. 猪附红细胞体病

猪附红细胞体病是由附红细胞体引起的以贫血、黄疸和发热为主要特征的一种人、猪多种动物的热性、溶血性传染病。各种不同年龄、性别和品种的猪均易感，多发于夏、秋季6～10月吸血昆虫多的季节，在应激、饲养管理不良、气候恶劣、长途运输、预防接种等应激情况下，均可使隐性感染的猪突然发病甚至大群发作，出现高热和高死亡，而且传播迅速。

【临床症状】发病初期，患猪精神沉郁，食欲减退，饮欲增加，体温40～42℃，高热稽留，皮肤发红，身上有小出血点，粪便呈球状，外附着黏液或黏膜；后期拉稀或有时与便秘交替出现。

急性者病程3～7天，或死亡或转向慢性，表现为贫血和黄疸，全身苍白，眼结膜呈浅黄色，有的呈深黄色；食欲废绝，尿少色黄，大便如栗状，表面带有黑褐色至鲜红色血液。

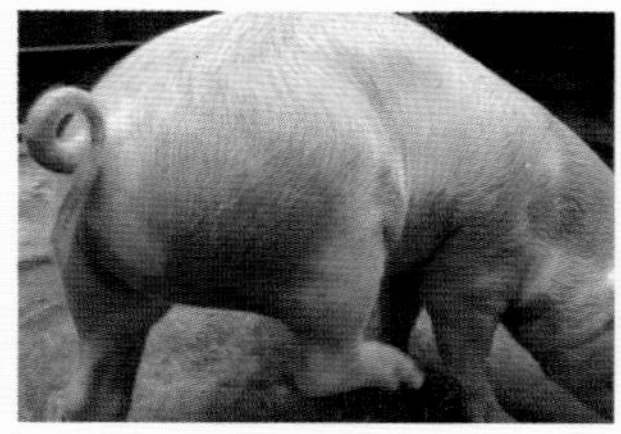

病猪的耳朵、颈下、胸前、腹下、四肢内侧等部位皮肤红紫，指压不褪色，并且毛孔出现浅黄色汗迹。有的两后肢发生麻痹，不能站立；有的流涎，呼吸困难，咳嗽，结膜发炎。

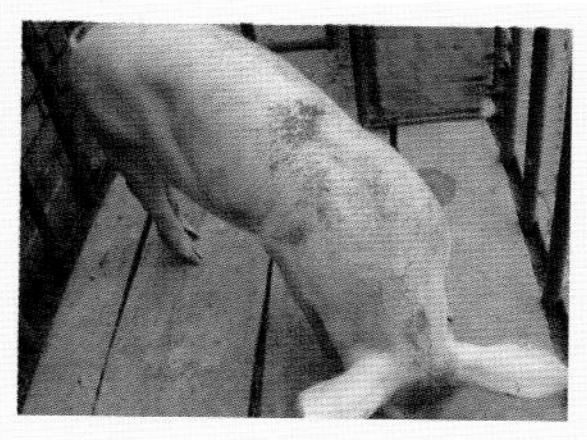

慢性病猪皮肤苍白，被毛粗乱无光泽，皮肤燥裂，层层脱落，但不痒，腹部有喘沟，呈败血症变化。

【病理变化】 剖检病变有黄疸和贫血，全身皮肤黏膜、脂肪和脏器显著黄染，常呈泛发性黄疸。全身肌肉色泽变淡，血液稀薄呈水样，凝固不良。全身淋巴结肿大、潮红、黄染，切面外翻，有液体渗出。胸腹腔及心包积液，肺脏肿胀，瘀血水肿。心外膜和心冠脂肪出血黄染，有少量针尖大出血点，心肌苍白松软。脾脏肿大，质软而脆。肾脏肿大、苍白或呈土黄色，包膜下有出血斑。膀胱黏膜有少量出血点。

急性病例肝脏肿大、质脆，细胞呈脂肪变性，呈土黄色或黄棕色。胆囊肿大，含有浓稠的胶冻样胆汁。

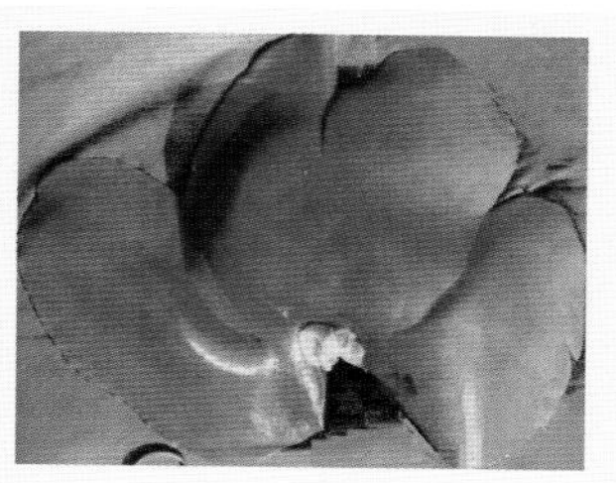

【防治措施】 该病目前尚无疫苗免疫，也无特效的治疗药物，只有采用综合性的防治措施与对症治疗的方法综合治疗。

1）在该病的高发季节，应扑灭蜱、虱子、蚤、螫蝇等血吸虫，断绝其与动物接触。

2）定期在饲料中添加预防量的多西环素、金霉素、土霉素和磺胺类药物，对该病有很好的预防效果。

3）早期发现及时治疗可收到很好的效果。可用血虫净（贝尼尔）、卡那霉素、多西环素、黄色素和对氨基苯胂酸钠等药物治疗，效果较好。

8. 猪气喘病

猪气喘病或猪喘气病，又称猪肺炎支原体性肺炎，是由猪肺炎支原体引起的一种接触性慢性呼吸道传染病。大小猪均有易感性，其中哺乳仔猪及幼猪最容易发病，大都由接触患有该病的母猪所致，被感染的乳猪在断乳时再传染给其他猪只。在饲养管理和卫生条件不良时可促进该病发生。该病的感染率高，死亡率低，但能造成生长障碍及延长猪只上市的饲养期。

【临床症状】 发病初期患猪主要表现为咳嗽、气喘。开始为短声连咳，特别是在早晨出圈后遇到冷空气的刺激，或经驱赶或喂料前后最容易听到，同时流出大量清鼻液，病重时，流灰白色黏性或脓性鼻液。

病的中期出现气喘，呼吸次数增加，每分钟可达 60～80 次，呈明显的腹式呼吸。体温一般正常，食欲无明显变化。

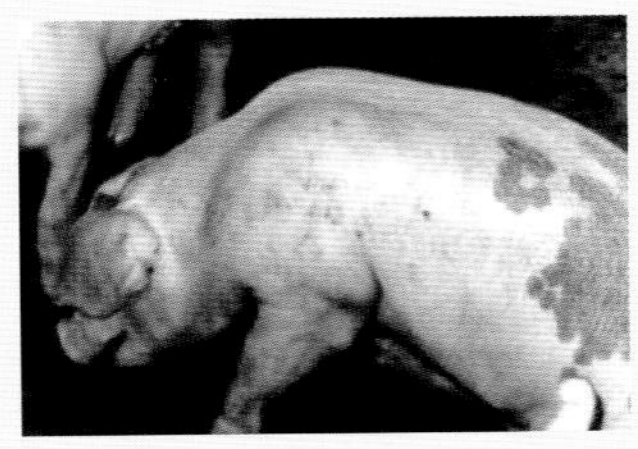

后期患猪气喘加重，常发出哮鸣声，甚至张口喘气，呈犬坐姿势，同时精神不振，猪体消瘦，不愿走动。饲养条件好时，可以康复，但仔猪发病后死亡率较高。

【病理变化】

肺脏显著增大，两侧肺叶前缘部分发生对称性实变。实变区呈紫红色或深红色，压之有坚硬感觉，非实变区出现水肿、气肿和瘀血，或者无显著变化。

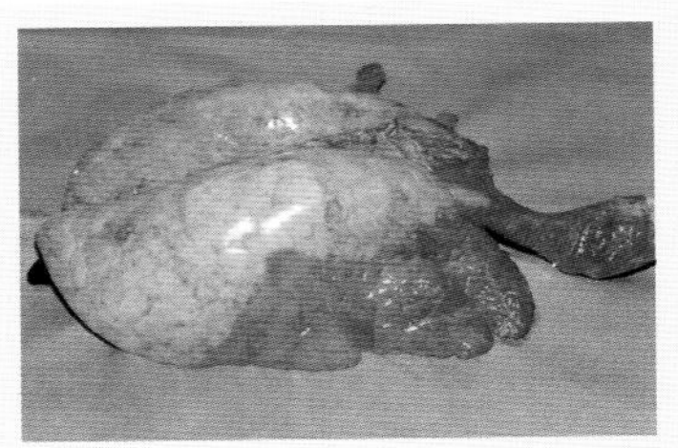

【防治措施】

1）加强饲养管理，实行科学喂养，增强猪体的抗病能力和康复力。提倡自繁自养，不从疫区引入猪，新购进的猪要加强检疫，进行隔离观察，确认无病后，方可混群饲养。疫苗预防可用猪气喘病弱毒疫苗，免疫期在 8 个月以上，保护率达 70%～80%。有条件的，可培育无病原菌的种猪，建立无气喘病的健康猪场。

2）对发病猪进行严格隔离治疗，被污染的猪舍、用具等，可用

2%氢氧化钠溶液或20%草木灰水喷雾消毒。

3）治疗可选用硫酸卡那霉素，每千克体重3万~4万国际单位，肌内注射，每天1次，连续5天为一疗程。如果与土霉素交互注射，可提高疗效，防止抗药性。盐酸土霉素，每天每千克体重30~40mg，用灭菌蒸馏水或0.25%普鲁卡因或4%硼酸溶液稀释后肌内注射，每天1次，连续5~7天为一疗程。猪喘平，每千克体重2万~4万国际单位肌内注射，每天1次，5天为一疗程。异丙肾上腺素，每千克体重0.4~0.5mL，颈部肌内深部注射，5天1次，连用3次。

9. 猪副嗜血杆菌病

猪副嗜血杆菌病又称多发性纤维素性浆膜炎和关节炎，是由猪副嗜血杆菌引起，以体温升高、关节肿胀、呼吸困难、多发性浆膜炎、关节炎和高死亡率为特征的一种传染病。主要通过呼吸系统传播，饲养环境不良，断奶、转群、混群或运输应激时最容易诱发。该病对仔猪和青年猪的健康危害严重。

【临床症状】 临床症状取决于炎症部位，包括发热、呼吸困难、关节肿胀、跛行、皮肤及黏膜发绀、站立困难甚至瘫痪、僵猪或死亡。母猪发病可流产，公猪有跛行。哺乳母猪的跛行可能导致母性的极端弱化。

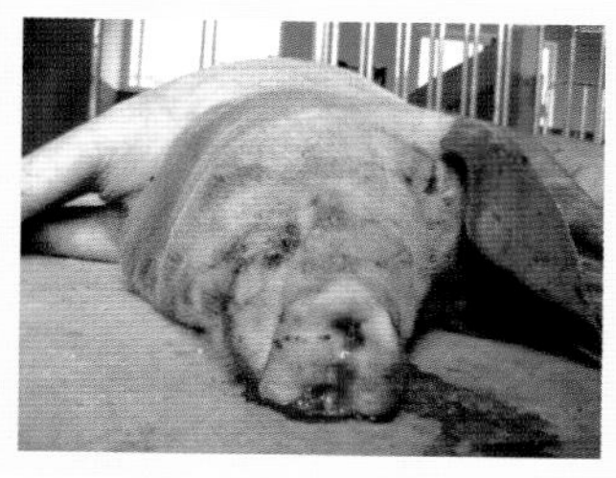

有的病猪无明显症状突然死亡，死亡时体表发紫，腹部膨胀，有的从口、鼻流出紫红色的液体。

慢性病猪常出现跛行，后肢附关节肿大。

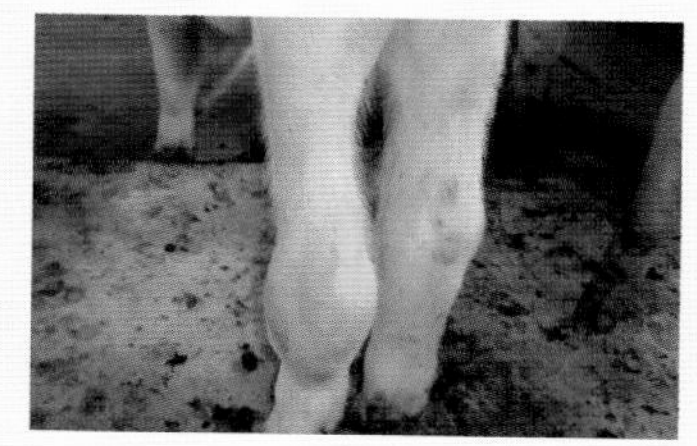

【病理变化】 剖检病变可见全身浆膜表面出现浆液性纤维素性以及纤维素性化脓性渗出。肺间质水肿，胸膜以浆液性、纤维素性渗出性炎症为特征。腹股沟淋巴结呈大理石状，颌下淋巴结出血严重，肝脏边缘出血，脾脏有出血、边缘隆起米粒大的血疱。

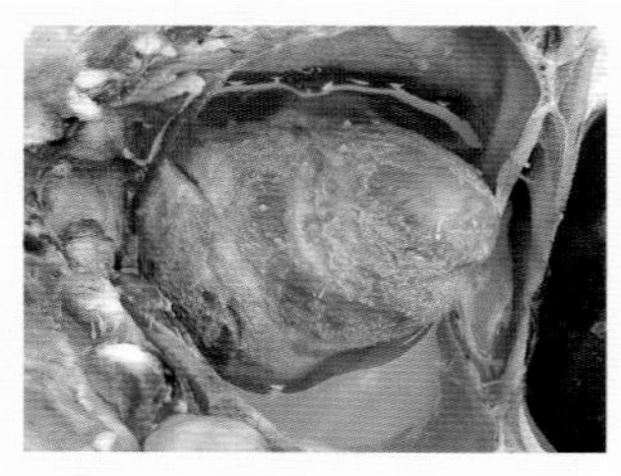

最明显的是心包积液，心包膜增厚，心肌表面有大量纤维素渗出，后肢关节切开有胶冻样物。

【防治措施】

1）加强饲养管理，消除诱因，对全群猪用电解质加维生素C粉饮水5~7天，以增强机体抵抗力，减少应激反应。

2）彻底清理猪舍卫生，猪圈地面和墙壁可用2%氢氧化钠水溶液喷洒消毒，2h后用清水冲净，再用复合碘喷雾消毒，连续喷雾消毒4~5天。

3）隔离病猪，用敏感的抗生素进行治疗，同时进行全群性药物预防。

4）搞好免疫，使用自家苗（最好是能分离到该菌，增殖、灭活后加入该苗中）、猪副嗜血杆菌多价灭活苗能取得较好效果。种猪用猪副嗜血杆菌多价灭活苗免疫能有效保护小猪早期发病，降低复发的可能性。对母猪，初免可于产前40天一免，产前20天二免。经免猪产前30天免疫一次即可。受该病严重威胁的猪场，小猪也要进行免疫，根据猪场发病日龄推断免疫时间，仔猪免疫一般安排在7日龄到30日龄内进行，每次1mL，最好一免后过15天再重复免疫一次，二免距发病时间要有10天以上的间隔。

第七章

猪的营养与饲料

猪的生长、发育和繁殖，都需要从饲料中获得营养来保证。但不同的品种在不同的阶段以及不同经济类型的猪种，所需要的营养各异，按照猪的饲养标准定时、定量喂给饲料，猪只就可以获得最佳的营养效果和经济效果。

一、猪的消化生理

1. 猪的消化道结构特点

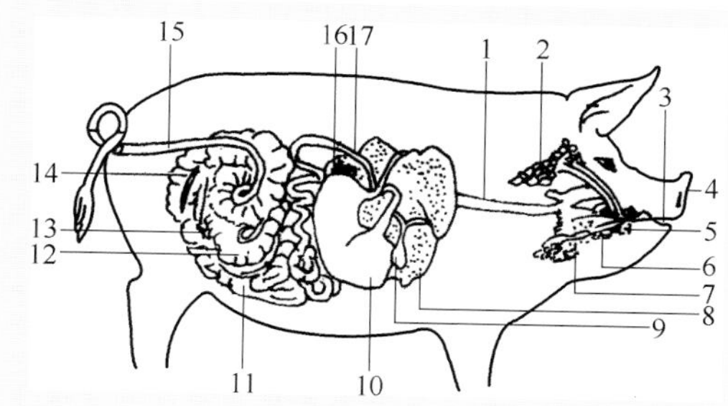

猪属于单胃、杂食动物，牙齿锋利，唾液腺发达，味觉敏感，胃的容积为7～8L，有消化腺，小肠长而弯曲，结肠呈螺旋状盘曲。

猪的消化系统组成示意图

1—食道　2—腮腺　3—口腔　4—上唇　5—舌　6—舌下腺　7—颌下腺　8—肝脏　9—胆囊　10—胃　11—空肠　12—结肠　13—回肠　14—盲肠　15—直肠　16—胰　17—十二指肠

2. 猪的消化生理特点

（1）食性杂，饲料来源广泛

猪能利用的饲料种类较多，对饲料的消化能力很强，既能食用植物性饲料，又能食用动物性饲料和其他饲料，因而，可供食用的饲料种类多，来源广泛。

猪的食性较广

（2）具有较发达的消化系统

猪具有发达的门齿，适于切断和摄取食物；猪的唾液腺发达，可消化饲料中的一部分淀粉；猪胃腺分泌的盐酸、胃蛋白酶等对饲料蛋白质能进行初步消化，同时为胰蛋白酶消化蛋白质创造条件；猪的小肠比较发达，能很好地消化、吸收饲料中各种营养物质。

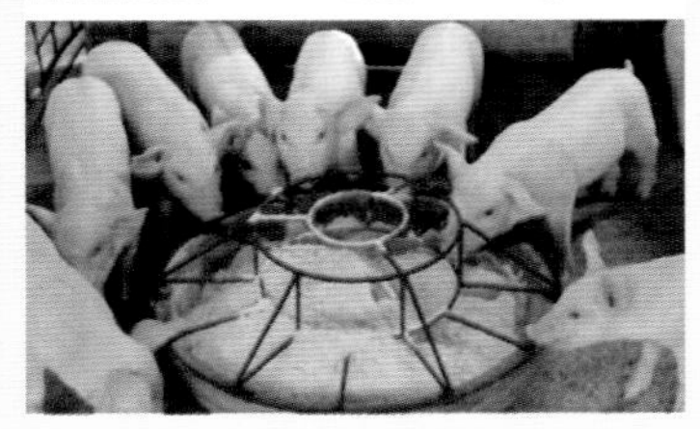

（3）对粗纤维的消化率低 猪对粗纤维的消化主要是在大肠内，仅靠大肠（盲肠和回肠）的微生物分解作用，发酵产生挥发性脂肪酸，但利用率很低。猪日粮中粗纤维含量越高消化率也就越下降。一般情况下，仔猪料中粗纤维应低于4%，育肥猪料粗纤维应低于7%，种母猪料粗纤维应低于11%。

（4）对饲料质量要求较高 猪对饲料质量要求较高，饲料质量好的采食量少，质量差的不仅采食量增多，而且影响猪只生长发育。

猪的消化道容积大，特别是胃的伸缩性较大，能储存大量的食物，每天采食风干饲料可达3~5kg，若采食稀料数量更多。

二、猪的营养需要

猪采食饲料获取营养物质不仅是维持生命活动，还要进行生长发育、繁殖、生产猪肉。猪因品种、生产性能、生产目的、体重和年龄等不同，对各种营养物质的需求也不同。从生理活动角度可分为维持需要（表7-1）和生产需要两部分。

营养需要
- 维持需要：是指猪只在维持生命活动的基本代谢过程状态下对能量和其他营养素的最低需要。
- 生产需要：是指猪只所消化吸收的营养物质，除去用于维持生命活动的需要，其余部分则用于生产和繁殖的最低需要。

猪营养需要的划分示意图

猪体生长繁殖所需的营养物质主要包括：能量、蛋白质、脂肪、维生素、矿物质和水等。

表7-1　每头猪每天的维持需要

体重/kg	消化能/MJ	蛋白质/g	钙/g	磷/g
10	3.77	23	1.3	1.0
20	5.94	36	2.0	1.5
30	7.66	46	2.6	2.0
40	9.10	54	3.0	2.0
50	10.04	60	3.3	2.5
60	10.88	65	3.5	2.6
70	11.38	68	3.7	2.7
80	11.72	70	3.8	2.8

（续）

体重/kg	消化能/MJ	蛋白质/g	钙/g	磷/g
90	11.92	72	4.0	3.0
100	11.92	72	4.0	3.0
150	16.11	96	5.3	4.0
200	20.04	120	6.5	5.0
250	23.68	142	7.7	5.5
300	27.15	162	8.8	6.5

1. 蛋白质的需要

猪只对蛋白质的需要实际上是对氨基酸的需要，粗蛋白质的需要是在一定饲粮条件下为满足氨基酸需要的另一种表示方式，可随饲粮氨基酸可利用性（可消化性）的变化而变化。

氨基酸是构成蛋白质的基本单位，饲料中的蛋白质并不能直接被猪吸收利用，而是在胃蛋白酶和胰蛋白酶的作用下，被分解为氨基酸之后吸收进入血液，运输到全身组织器官参加新陈代谢而发挥作用。构成蛋白质的氨基酸有20多种，分为必需氨基酸和非必需氨基酸两大类。

氨基酸
- 必需氨基酸：是指在体内不能合成或合成的速度很慢，不能满足猪的生长和生产需要，必须由饲料供给的氨基酸。
- 非必需氨基酸：是指猪体内可以合成或需要量很少，不必由饲料提供也能保证猪体正常代谢需要的氨基酸。

氨基酸组成示意图

猪所需的必需氨基酸有10种，即赖氨酸、蛋氨酸、色氨酸、精氨酸、组氨酸、亮氨酸、异亮氨酸、苯丙氨酸、苏氨酸和缬氨酸。其中，赖氨酸、蛋氨酸和色氨酸在猪常用饲料中比较缺乏，不能满足需要，并成为限制其他氨基酸利用率的因子，又称为限制性氨基酸。只有当日粮中各种氨基酸的组成和比例与猪的需要相吻合时，饲料蛋白质才能最大限度地被猪体利用。因此，在猪饲料中应适当添加相应的氨基酸，以提高饲料的利用率。

2. 能量的需要

一般情况下，猪能自动调节采食量以满足其对能量的需要。但是，当日粮能量水平过低时，虽然它能增加采食量，但因消化道的容量有限仍不能满足其对能量的需要，将使猪生长缓慢，体组织受损，生产性能降低。若日粮能量过高，则会出现大量不易消化的碳水化合物，引起消化紊乱，甚至发生消化道疾病。同时，过多的能量会转化成脂肪而沉积于体内致使猪体发胖，将影响公、母猪的繁殖机能。表7-2～表7-5分别是中国、美国和日本等国家制定的几种仔猪及生长育肥猪的营养需要，供参考。

表7-2 5～10kg仔猪能量、蛋白质及氨基酸需要量

国家	体重/kg	消化能/(MJ/kg)	代谢能/(MJ/kg)	粗蛋白质(%)	赖氨酸(%)	蛋+胱(%)	苏氨酸(%)	异亮氨酸(%)
中国	5～10	16.74	16.07	27.0	1.40	0.80	0.80	0.90
美国	5～10	14.20	13.63	26.0	1.50	0.86	0.98	0.83
日本	5～10	17.07	—	28.0	1.55	0.78	0.93	0.86

表7-3 10～20kg仔猪能量、蛋白质及氨基酸需要量

国家	体重/kg	消化能/(MJ/kg)	代谢能/(MJ/kg)	粗蛋白质(%)	赖氨酸(%)	蛋+胱(%)	苏氨酸(%)	异亮氨酸(%)
中国	10～20	13.85	13.31	19.0	0.78	0.51	0.51	0.55
美国	10～20	14.20	13.60	20.9	1.15	0.65	0.74	0.63
日本	10～20	—	—	18.0	1.02	0.51	0.61	0.56

表7-4 生长育肥猪每日蛋白质需要量（g）

体重/kg		20～40	40～60	60～80	80～100
平均日增重/g	400	195	—	—	—
	500	226	250	—	—
	600	260	280	297	290
	700	290	307	332	320
	800	—	348	364	344
	900	—	383	398	386
	1000	—	—	442	431

表 7-5　瘦肉型猪每天日粮赖氨酸需要量（%）

日增重/g	体重/kg			
	20～40	40～60	60～80	80～100
400	9.8	—	—	—
500	11.3	12.6	—	—
600	13.0	14.0	14.8	14.5
700	14.5	15.4	16.6	16.0
800	—	17.4	18.2	17.2
900	—	19.2	19.9	19.3
1000	—	—	22.1	21.6

3. 脂肪的需要

脂肪是猪能量的重要来源，猪生命活动所需的能量约 30% 是由脂肪氧化产生的，脂肪所含有的能量是碳水化合物的 2.25 倍。体脂是化学能量的最好储备形式，当猪采食饲料中能量超过需要时，便转化为体脂存在体内，以供采食的能量不足时加以调用。猪缺乏脂肪的机会不多，一般认为，猪日粮中含有 2%～5% 的脂肪即可满足需要。

对猪体正常机能和健康具有重要保护作用的脂肪酸，尤其是十八碳二烯酸（亚麻油酸）、十八碳三烯酸（次亚麻油酸）和二十碳四烯酸（花生油酸），因其不能在猪体内合成，必须由饲料脂肪供给，故又称为必需脂肪酸。缺乏时会发生生长发育不良等现象。此外，脂溶性维生素 A、维生素 D、维生素 E、维生素 K 及胡萝卜素必须以脂肪作溶剂，并依靠脂肪在体内输送。日粮缺乏脂肪时，会影响这类维生素的吸收利用。

日粮中脂肪含量过高，不仅使饲料成本增加，而且会引起消化不良，肉的品质下降（如猪的软脂）等不良后果。

4. 维生素的需要

维生素是维持猪体正常生命和生长所必需的一类特殊的营养物质。大多数维生素都必须从饲料中摄取，其需要量很少，但在生理上却起着调节和控制新陈代谢的重要作用，对猪的生长、健康、发育和繁殖均具有十分重要的意义。维生素缺乏时，会引起一系列特定的维生素缺乏症或并发症。

猪所需要的维生素，根据其溶解性质分为两大类。一类是溶于脂肪才能被机体吸收的称为脂溶性维生素，另一类是溶于水中才能被吸收的称为水溶性维生素。

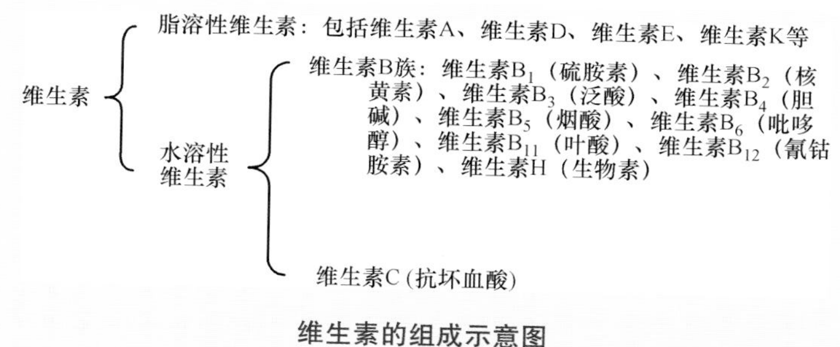

维生素的组成示意图

（1）维生素 A 维生素 A 为环多烯醇类化合物，主要功能是保护皮肤、消化道、呼吸道和生殖道上皮细胞的完整，增强动物对疾病的抵抗力，防止疲惫症和眼干燥症。猪在任何生长阶段或生理状态下都需要维生素 A。缺乏维生素 A 或胡萝卜素，猪表现为夜盲症，表皮角质化，生长缓慢，公猪精液品质下降，母猪繁殖力降低。

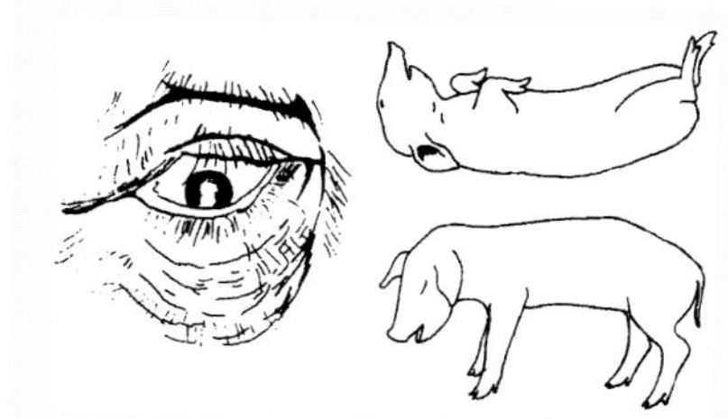

猪维生素 A 缺乏时，会造成视力减弱、干眼或角膜软化；母猪易发生流产、死胎或产出畸形瞎眼猪。

猪维生素 A 缺乏症

（2）维生素 D 维生素 D 属于类固醇类衍生物。主要生理功能是调节钙、磷的代谢，特别是增加小肠对钙、磷的吸收，维持血液的钙、磷平衡，调节肾脏对钙、磷的排泄，控制骨髓中钙、磷的储存，改善骨中储备钙、磷的活动状况。

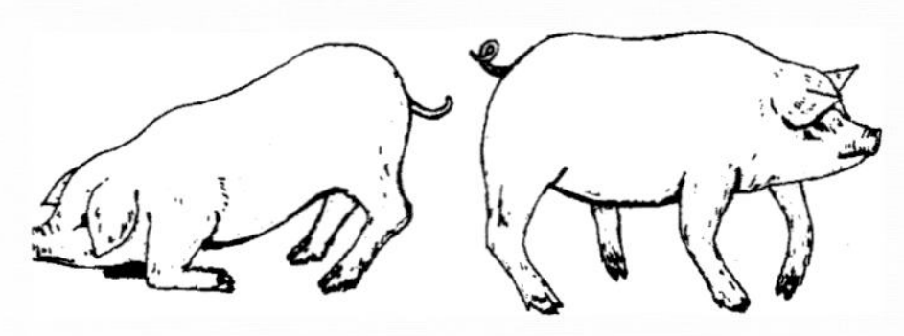

猪维生素 D 缺乏时，可引起猪的佝偻病，出现前肢跪地、不能站立，长骨弯曲变形，行走困难等症。

猪维生素 D 缺乏症

集约化饲养的猪由于不能直接接受阳光照射，易发生维生素 D 缺乏。维生素 D 缺乏时，影响钙的吸收，导致血钙水平下降，增加血磷排出，血中钙磷浓度下降，引起钙磷吸收和代谢紊乱，使骨钙化不足。严重缺乏维生素 D 表现为钙和镁的缺乏症。

猪对维生素 D 的需要量为每千克饲粮 125 ~ 200 国际单位，仔猪需要量高于生长猪，种猪、后备猪与生长猪需要量相似。

（3）维生素 E 维生素 E 又名生育酚，不能在体内合成，但能储存，主要储存在脂肪组织内。在猪体内具有生物催化剂和抗氧化剂的作用，能够防止细胞膜氧化，减少过氧化物的产生，保护含有脂质细胞膜的完整。

维生素 E 的缺乏症与硒缺乏相似，猪出现肝脏坏死，脂肪组织变黄，血管受损水肿，胃溃疡；繁殖机能紊乱，引起公猪睾丸发育不良，精子活力差，受精能力弱，畸形精子增加；母猪受胎后易流产或死胎。仔猪生长停滞，肌肉营养不良或白肌病。

维生素 E 在自然界分布很广，以新鲜的青绿饲料和大麦芽中含量最为丰富。在硒充足的情况下，每千克饲粮中添加维生素 E10 ~ 15mg 即可满足需要。

（4）维生素 K 维生素 K 又名凝血维生素或抗坏血酸。主要生理作用是催化肝脏中凝血酶原（因子 II）和血浆粗凝血酶原激活酶（因子）的合成。维生素 K 缺乏时，由于限制了凝血酶原的合成，而使血液凝固时间延长，猪主要表现为对刺激敏感、贫血及衰弱等症状。

猪对维生素 K 的需要量为 0.5 ~ 1mg/kg。猪除了在饲粮中添加维生素 K 之外，还能从肠道微生物合成的维生素 K_2 或从粪中获得维生素 K。饲料中加入磺胺类和抗生素时，能抑制消化道内的微生物形成维生素 K。

（5）B 族维生素 B 族维生素主要作为细胞酶的辅酶，对碳水化合物、脂肪和蛋白质代谢起着重要的作用。猪消化道后段微生物虽然能合成 B 族维生素，但大部分随粪便排出体外，可以利用的量很少，主要靠饲料供给。

若猪饲料中缺少一种或多种 B 族维生素，猪只会出现食欲下降、生长缓慢、饲料利用率降低等现象。各种 B 族维生素的功能、缺乏症、来源见表 7-6。

表 7-6 各种 B 族维生素的功能、缺乏症、来源

名称	主要功能	缺乏症	来源
维生素 B_1	细胞酶的辅酶，促进食欲，为碳水化合物代谢所必需	食欲不振，体重减轻	青绿牧草，优质干草，禾本科籽实，酵母，工业合成
维生素 B_2	促进生长，作为碳水化合物、氨基酸代谢中某些酶系的组分	生长受阻，生产力下降；皮炎症，眼睛混浊	青绿饲料，酵母，工业合成
维生素 B_6	蛋白质代谢中辅酶的组分，与红细胞的形成有关	食欲不振，生长受阻	一般常用饲料，工业合成
维生素 B_5	辅酶的成分，对碳水化合物、脂肪、蛋白质代谢影响很大	生长受阻，生产力下降，消化道前段黏膜炎症，呕吐；皮炎，被毛粗糙	苜蓿，体内过量的色氨酸，工业合成
维生素 B_3	辅酶 A 的成分，参与体内能量代谢过程	“鹅行”步态，脱毛	泛酸钙，糠麸及植物性蛋白质饲料，工业合成
维生素 B_{12}	协助辅酶的作用；与维生素 B_{11} 协作促进蛋氨酸的合成，促进核酸的合成	生长停滞，贫血，皮炎，后肢运动不协调，繁殖受阻	动物性饲料，发酵产品，工业合成

（续）

名　　称	主要功能	缺乏症	来　　源
维生素 H	许多酶的辅酶，参与有机物的代谢过程，促使不饱和脂肪酸酶的合成	后肢痉挛，皮炎，饲料利用率降低	酵母，全乳，蛋黄，工业合成
维生素 B_{11}	与维生素 B_{12} 代谢有关	生长受阻	优质干草，青绿饲草，动物性蛋白饲料，工业合成
维生素 B_4	有亲脂作用，又称“抗脂肪增多因子”	发生脂肪肝，小猪步态异常，母猪繁殖受阻	一般常用饲料中部缺绿化胆碱，工业合成

5. 矿物质的需要

矿物质是猪只生长发育和繁殖等生命活动中不可缺少的一些金属和非金属无机元素，是生理生化酶类催化物的组成成分。猪日粮中至少需要 13 种无机元素：氯、钠、钙、磷、钾、铜、铁、锌、锰、碘、硒、镁、硫，可能还有铬。环境来源似乎能满足猪对这些元素的需要。实际猪日粮中添加的元素主要有盐（钠和氯）、钙、磷、铜、铁、锌、锰、碘和硒等。

矿物质元素
- 常量矿物质元素：指含量在0.01%以上的元素，包括钙 (Ca)、磷 (P)、钠 (Na)、氯 (Cl)、钾 (K)、镁 (Mg)、硫 (S)等
- 微量矿物质元素：指含量在0.01%以下的元素，包括铁 (Fe)、铜 (Cu)、锌 (Zn)、钴 (Co)、锰 (Mn)、碘 (I)、硒 (Se)

矿物质元素划分示意图

（1）钠和氯　日粮中添加盐是为了提供钠和氯，生长育肥猪日粮中正常的添加量为 0.25%～0.35%。种猪和妊娠母猪盐的添加量为 0.4%，哺乳母猪为 0.5%。过量的盐有毒，尤其当供水不足或溶解盐的浓度过高时，毒性更大。饲料中含盐量不应超过 2.5%。当给猪饲喂在加工生产过程中添加盐的一些副产品（如乳清和鱼粉）时，要特别当心盐中毒。

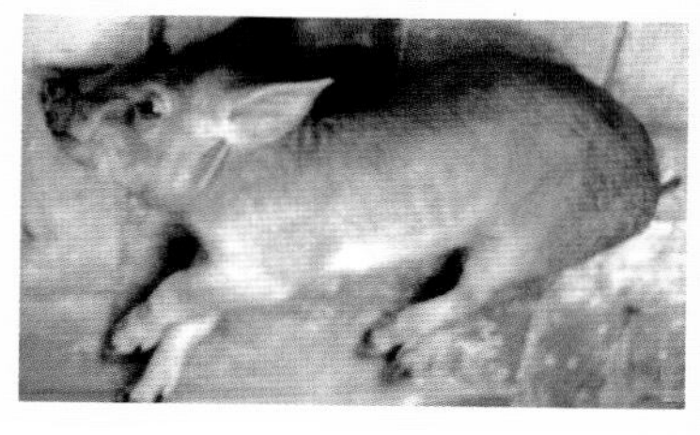

猪食盐中毒表现肌肉颤抖、角弓反张、口吐白沫及面部阵发性痉挛、眼球颤动、心跳加快、呼吸困难等症。

（2）钙与磷　钙与磷是支持骨骼和组织生长的两种重要元素，需要量很大。它们还参与其他重要的生理过程，如肌肉的收缩和能量转移。猪对钙、磷的需要因年龄和生产目的的不同而不同，仔猪骨骼的形成、泌乳母猪分泌乳汁、妊娠母猪供胎儿发育都需要较多的钙、磷。

如饲粮中钙供给不足，猪只首先出现异食症或互相咬耳朵、尾巴等，仔猪表现生长停滞、消瘦、软弱无力；母猪发情周期不正常或不发情、不孕等，胎儿畸形，成活率低；公猪性机能被破坏。

仔猪和生长育肥猪缺钙时表现为骨骼和关节粗大，骨骼变形，如脊椎和胸骨弯曲及佝偻病。

仔猪缺钙，四肢骨骼变形，容易发生佝偻病；成年猪骨质疏松，容易骨折和瘫痪。

成年猪缺钙则骨质疏松或纤维化，容易骨折、瘫痪。过多的钙会影响铁、锌、锰、铜、碘的吸收甚至造成这五种微量元素的缺乏。而磷过多则影响钾、镁、铁、锌、锰、钼的吸收甚至造成他们的缺乏。

配制日粮时应注意：一是钙磷的需要量；二是所用饲料中这两种元素的生物学利用率；三是钙磷的比例。钙磷的可接受比例范围为(1.0～2.0)∶1。

(3) 铜 猪需要铜来合成血红蛋白和合成与激活正常代谢必要的一些氧化酶类。生物效价高的铜盐有硫酸铜、碳酸铜和氧化铜。缺铜导致铁的功用差，血细胞生成异常，角质化、胶原蛋白、弹性蛋白和骨髓合成变差。当饲料中添加100～200g/t的铜，会促进仔猪的生长。

猪饲料中铜超过250g/t，饲喂几个月会引起中毒，出现贫血、腿弯曲、心血管异常等症。

(4) 铁 铁是哺乳仔猪生长发育所必需的微量元素，体内多种酶的组成部分。仔猪初生时体内仅有30～50mg的铁储量，每天生长发育所需要的铁为7mg，而每天从母乳中最多可获得1mg铁。因此，仔猪体内储存的铁很快就会耗尽，如得不到及时补充，便可出现贫血症。

一般在仔猪初生后3天内肌内注射100～200mg的葡聚糖苷铁(生血素)。仔猪出生几周后，通过采食含铁充足的乳猪料就能很容易满足铁的需要量。

猪通过与土壤接触就可获得铁，但集约化养猪使铁的来源被切断，仔猪出生后如果不及时补铁，体内铁的储备很快用完，容易发生缺铁性贫血症。

(5) 锌 锌是猪体内多种酶的成分，在蛋白质、碳水化合物和脂肪代谢中起重要作用。它参与维持上皮细胞和被毛的正常形态、生长和健康，能防止细胞受到氧化损害，以及维持激素的正常作用。缺锌时，猪生长受阻，被毛、皮肤损害明显，称为不全角化症，即类似疥疮样但不痒的皮炎。

植物性饲料中，锌的含量很低，但在酵母、糠麸、饼粕类以及动物性饲料中均含有丰富的锌，幼嫩的青绿饲料也含有较多的锌。生长猪锌的需要量为50mg/kg，妊娠母猪为3mg/kg，种公猪比母猪高些。

（6）锰 锰是糖、脂肪和蛋白质代谢有关酶的组成成分，是维持大脑正常代谢功能不可缺少的物质。缺锰时，猪的性成熟晚，发情不明显，受胎后胚胎容易被吸收或流产，初生仔猪弱小和母猪产奶量下降。锰过多会降低猪的血红蛋白。猪主要从植物性饲料中获得锰，青粗饲料和糠麸类饲料中含锰丰富。锰的需要量非常低，生长育肥猪为每千克饲粮3~4mg，种猪为每千克饲粮40mg。

（7）碘 碘在猪体中总量很小，主要存在甲状腺中。其次，肝脏也含有少量。碘是甲状腺激素最重要的成分，对调节机体代谢率起着非常重要的作用。碘化钾和碘酸钙是饲料中有效的补充形态，饲料中补充0.14g/t的碘即可满足猪的需要。

（8）硒 硒及其有机化合物是强氧化剂，一般与蛋白质结合存在。硒在机体内的作用与维生素相似，能防止细胞膜被过氧化物损害。缺硒是地区性的，我国有不少地区缺硒，主要包括西北、东北及西南地区。缺硒时，仔猪常发生白肌病，主要表现为心力衰弱、心律不齐、精神不振和被毛粗乱等症。

硒的安全浓度和毒性浓度之间范围很窄，需要量在0.35g/t范围内，而超过5.0g/t则会引起中毒。日粮中加硒时应特别小心。为防止仔猪缺硒，妊娠母猪分娩前20~30天，可皮下或肌内注射亚硒酸钠。仔猪缺硒时，可皮下或肌内注射亚硒酸钠。

微量元素添加量非常少，通常用mg/kg来表示，因此，必须十分小心地应用，以免添加过量引起中毒。不同类型的猪，微量元素添加量见表7-7。

6. 水的需要

水是猪体内各器官、组织和产品的重要组成成分，体内营养物质的输送、消化、吸收、转化、合成、排泄及体温调节等活动，都需要水分。猪体的3/4是水，初生仔猪的机体水含量最高，可达90%。试验证明，猪缺水将会导致消化紊乱，食欲减退，被毛枯燥；公猪性欲减退，精液品质下降，严重时可造成死亡。

表 7-7 不同类型猪只微量元素添加量 （单位：mg/kg）

微量元素	哺乳仔猪		生长猪		母猪	
	标准	范围	标准	范围	标准	范围
铁	80	60～200	80	60～300	50	40～60
铜	80	80～150	80	80～150	30	20～50
锌	50	40～80	20	10～40	50	40～70
碘	1.2	1.2～2.0	2.0	1.5～2.5	2.0	1.8～2.6
硒	0.1	0.05～0.15	0.05～0.1	0.02～0.15	0.14	0.12～0.15
锰	20	10～40	30～50	20～80	30	50

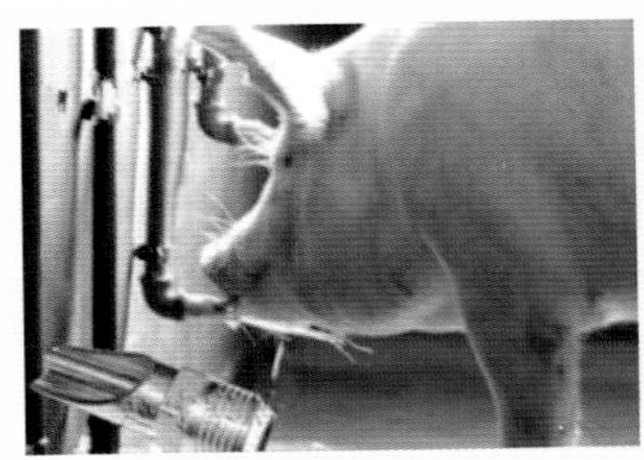

猪每天需要大量的饮水。试验证明，处于饥饿状态时，猪可消耗体内全部体脂与半数以上的蛋白质，以延续生命；但如果缺水达体重的20%，则会危及生命。

由于猪的生产性能和饲喂方式不同，猪对水的需要量也不一样。一般情况下，生长育肥猪在用自动饲槽不限量采食、自动饮水器自由饮水条件下，10～22 周龄期间，水料比平均为 2.56∶1。非妊娠青年母猪每天饮水约 11.5kg，妊娠母猪增加到 20kg，哺乳母猪多于20kg。日粮中脂肪和蛋白质多时需水也多，夏季比冬季多。

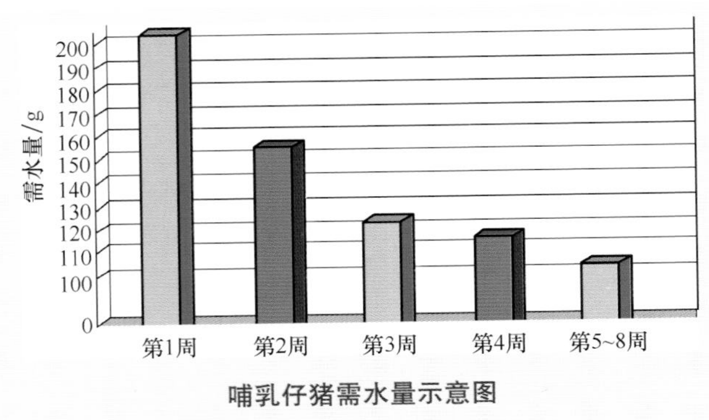

哺乳仔猪需水量示意图

三、猪的常用饲料

猪常用的饲料主要有能量饲料、蛋白质饲料、青绿饲料、粗饲料、矿物质饲料和饲料添加剂等。

1. 能量饲料

能量饲料是指干物质中粗纤维含量低于18%，粗蛋白质含量低于20%，含消化能10.46MJ/kg以上的饲料。其营养特点是含有丰富易于消化的淀粉，是猪所需要能量的主要来源。但是这类饲料蛋白质、矿物质和维生素含量低。主要包括禾谷类籽实及其加工副产品，淀粉质的块根、块茎等。

（1）禾谷类籽实 禾谷类籽实是指禾本科植物成熟的种子，主要包括玉米、大麦、稻谷、小麦、小米和高粱等。这类饲料的优点是含有丰富的无氮浸出物，约占干物质的70%～80%，淀粉占70%～80%。其消化率很高，消化能大都在13MJ/kg以上。粗纤维含量低，一般在6%以下，适口性较好。

缺点是蛋白质含量低（表7-8），单独时不能满足猪对蛋白质的需要；且赖氨素、蛋氨酸含量也较低；钙的含量在0.1以下，钙、磷比例也不适合，缺乏维生素A（除黄玉米外）和维生素D。

表7-8 几种禾谷类籽实粗蛋白质含量

	玉 米	大 麦	小 麦	高 粱	稻 谷
粗蛋白质	8.5%	11.0%	14.0%	9.0%	7.9%

（2）糠麸类 与谷物原料相比，糠麸类粗蛋白质、粗纤维、维生素和矿物质含量均较高，维生素B族相当丰富，尤其以维生素B_1最丰富。由于此类饲料含粗纤维高，淀粉相对减少，容积大，属于低热能饲料。常用的主要有小麦麸、次粉和米糠。

（3）淀粉质块根、块茎类 这类饲料主要有甘薯、马铃薯（土豆）等，常被列入多汁饲料，但水分比多汁饲料少，很少用。

2. 蛋白质饲料

蛋白质饲料是指干物质中粗蛋白质含量高于20%，粗纤维含量低于18%的饲料。根据其来源又分为植物性蛋白质饲料、动物蛋白质饲料和单细胞蛋白质饲料。

（1）植物性蛋白质饲料 主要包括豆类籽实、饼粕类。在植物性蛋白质饲料中，饼粕类饲料为最常用，且蛋白质含量丰富。主要包括豆饼（粕）、花生饼（粕）、棉籽饼（粕）和菜籽饼（粕）等，其营养特别是蛋白质含量高，一般为30%～60%，氨基酸和其他营养素含量不平衡（表7-9）。

表7-9 各种饼粕粗蛋白质和其他营养素含量

	豆饼（粕）	花生饼（粕）	棉籽饼（粕）	菜籽饼（粕）
粗蛋白质	42%～45%	40%	30%～40%	35%～40%
氨基酸	赖氨酸、色氨酸含量较多，蛋氨酸含量少	赖氨酸、蛋氨酸含量比豆粕低	赖氨酸含量较低，只有豆饼的60%	赖氨酸含量比豆饼低，蛋氨酸含量较高
纤维素	5%，能值较高	6.6%，能值较高	14%，能值较低	10%，能值较低
日粮比例	15%～20%	<10%	5%～8%	15%～15%

注：由于棉籽饼中含有棉酚、菜籽饼中含有含硫葡萄糖等有毒物质，在使用时一定要先经过去毒处理。

（2）动物性蛋白质饲料 是指来源于动物及其加工副产品，主要包括鱼粉、肉骨粉、蚕蛹、血粉、脱脂乳等。这类饲料蛋白质含量高，多数达50%～80%，且蛋白质品质好，各种氨基酸含量高且平衡，维生素含量丰富，钙、磷含量较高，是一种优质蛋白质补充饲料（表7-10）。

表7-10 各种动物性蛋白质饲料粗蛋白质和其他营养素含量

	鱼粉	肉骨粉	血粉	乳清粉
粗蛋白质	>60%	30%～55%	>80%	12%
氨基酸	富含较多的必需氨基酸，尤其是富含谷物饲料缺乏的胱氨酸、蛋氨酸和赖氨酸	赖氨酸含量较高，其他氨基酸含量高且平衡	赖氨酸、亮氨酸含量较高，但蛋氨酸、异亮氨基酸、色氨酸和甘氨基酸含量较低	富含赖氨酸、精氨酸、组氨酸、色氨酸等

（续）

	鱼 粉	肉 骨 粉	血 粉	乳 清 粉
维生素	维生素 A、维生素 D 和 B 族维生素含量丰富	富含维生素 A、维生素 D 和 B 族维生素	血粉缺乏维生素，如核黄素含量很低	维生素 B_2、维生素 B_3 等维生素 B 群很丰富
矿物质	富含钙、磷、锰、铁、碘等	钙、磷、锰含量高	钙、磷含量很低，铁、铜、锌等含铁较高	钙、磷等矿物质及 B 族维生素含量丰富
比例	<10%	10%	8% ~10%	乳猪用

其中鱼粉是动物性蛋白质饲料中使用较普通的高蛋白质补充料。鱼粉不仅含有较多的必需氨基酸，而且维生素 A、维生素 D 和 B 族维生素含量丰富，钙、磷、锰、铁、碘等矿物质量多质优，一般只用于喂幼猪和种猪。

（3）单细胞蛋白质饲料 主要包括酵母、真菌、微型藻类和某些原生动物等。目前应用较多的是饲料酵母，如啤酒酵母等。饲料酵母粗蛋白质含量为 40% ~80%，除蛋氨酸和胱氨酸较低外，其他各种氨基酸含量均较丰富，仅低于动物性蛋白质饲料。但饲料酵母有苦味，适口性差，且其品质很不稳定，在猪日粮中的用量一般为 2% ~5%。

3. 青绿饲料

是指自然水分含量高于 60%，富含叶绿素，处于青绿状态的植物性饲料。主要有天然牧草、栽培牧草、青饲作物、叶菜类饲料、树叶树枝和水生植物等。

青绿饲料的养分比较全面，蛋白质含量较高，一般占干物质的 10% ~20%，其中以豆科植物蛋白质含量高、品质好。维生素含量比较丰富，特别是胡萝卜素含量较高，每千克饲料 50 ~80mg。B 族维生素、维生素 E、维生素 C、维生素 K 含量也较多，但缺乏维生素 D。此外，还含有丰富的铁、锰、锌、铜等微量矿物元素。

缺点是水分含量高（70% ~95%），干物质中粗纤维含量为

15%～30%，喂多了对猪具有负面效应；此外，青绿饲料还受季节、气候、生长阶段的影响与限制，生产供应和营养价值很不稳定，且种、割、贮、喂费工费时，极不方便，不适宜大规模猪场使用。

4. 粗饲料

凡是干物质中粗纤维含量在18%以上的饲料均属于粗饲料，主要包括干草、作物秸秆、秕壳等。青干草容积大，粗纤维含量高，适口性差，营养价值较低，用时必须粉碎，幼猪和育肥猪喂量为1%～5%，种猪为5%～10%。秸秕类饲料粗纤维含量较高（30%以上），蛋白质、无氮浸出物、维生素含量低，适口性差，消化率低，一般不作猪饲料，如果使用也不要超过1%～5%。

5. 矿物质饲料

以提供矿物质元素为目的的饲料叫矿物质饲料。植物性饲料中虽然含有矿物质元素，但满足不了猪的需要，给猪配合饲料时还需要额外补充矿物质饲料。目前需要补充的主要是食盐、钙和磷，其他微量元素作为添加剂补充。

（1）食盐 在日粮中加入适量的食盐，不仅可补充钠、氯离子，而且具有改善饲料的适口性，促进营养物质的消化吸收和维持体液平衡等主要作用。一般情况下，每头猪每天最适宜喂量：大猪为15g，架子猪为8～10g，小猪为5～6g。在日粮配方中，适宜添加量：生长育肥猪为0.5%，仔猪为0.3%。

（2）含钙的矿物质饲料 常用的有细石粉、贝壳粉、蛋壳粉、碳酸钙等。石粉是指石灰岩、大理石矿综合开采的产品，基本成分是碳酸钙，含钙量34%～38%，是补充钙最廉价、最方便的矿物质原料。贝壳是海水和淡水软体动物的外壳，主要成分也是碳酸钙，含钙量与石粉相似。蛋壳粉是用蛋加工厂的废弃物蛋壳经干燥粉碎而制成，含钙34%左右。

（3）含钙和磷的矿物质饲料 常用的主要有磷酸氢钙、过磷酸钙和骨粉等。这些矿物质饲料既含钙又含磷（表7-11）；骨粉是用动物杂骨经高压、脱脂、脱胶后干燥、粉碎而成，其基本成分为磷酸钙，是一种钙磷比较平衡的矿物质饲料。

表 7-11 几种含钙和磷的矿物质饲料的钙、磷含量

	磷酸氢钙	过磷酸钙	骨粉
钙	23%	17.12%	28.6%
磷	16%~18%	26.45%	13.1%

6. 饲料添加剂

饲料添加剂是指为强化日粮的营养价值，提高饲料利用效率、增进动物健康、促进动物生长的微量添加物质。一般分为营养性添加剂和非营养性添加剂两类。

（1）营养性添加剂 主要用于平衡饲粮养分，包括氨基酸添加剂、微量元素添加剂和维生素添加剂。

1）氨基酸添加剂。常规饲料中所含的氨基酸，特别是必需氨基酸往往不能满足猪只需要，必须在其日粮中以添加剂的形式添加补充。目前，人工合成并作为添加剂使用的主要有赖氨酸、蛋氨酸、胱氨酸和精氨酸等。根据猪的营养需要，于饲粮中添加适量市售氨基酸，可以节省蛋白质饲料，提高猪增重效果及饲料转化率。

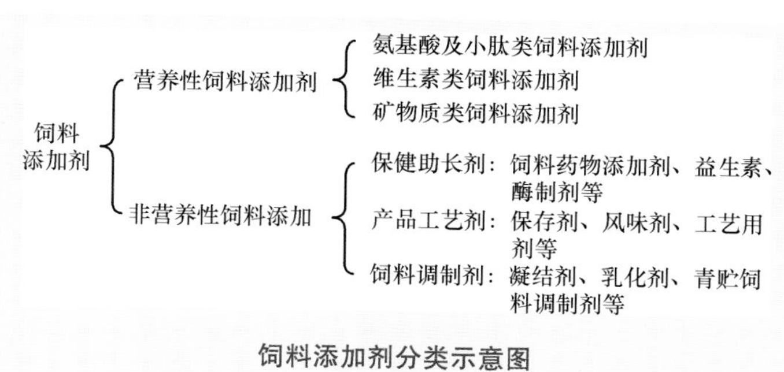

饲料添加剂分类示意图

2）维生素添加剂。在舍饲和采用自配饲料喂猪时，常需补充维生素制剂，以平衡营养。作为饲料添加剂使用的维生素有维生素 A、维生素 D、维生素 E、维生素 B_1、维生素 B_2、维生素 B_6、维生素 B_5、维生素 B_3、维生素 B_{12}、氯化胆碱和维生素 C 等。现在一般常应用复合维生素添加剂。

3）微量元素添加剂。又称矿物质添加剂，其主要作用是补充猪

日粮中某些矿物质元素的不足（尤其是微量元素的不足），以维持猪的生理和生产需要。我国已颁布了10多种饲料级矿物质添加剂暂行质量标准，其中有铁、铜、锌、锰、碘、硒和钴等7种微量元素添加剂。在猪饲料中应用的有硫酸铜、硫酸亚铁、硫酸锌、硫酸锰、碘化钾和氯化钴等。

由于在不同地区所产生的不同饲料原料中，微量元素含量差异很大，所以，在使用此类添加剂时必须根据饲粮中的实际含量进行补充，避免盲目使用。常用矿物质元素组成和含量见表7-12。

表7-12　常用矿物质元素组成和含量

矿物质名称	分子式	元　素	元素含量（%）	相对生物学利用率（%）
硫酸亚铁	$FeSO_4 \cdot 7H_2O$	Fe	20.1	100
硫酸亚铁	$FeSO_4 \cdot H_2O$	Fe	32.7	100
碳酸亚铁	$FeCO_3$	Fe	41.7	15~80
氯化亚铁	$FeCl_2 \cdot 6H_2O$	Fe	20.7	40~80
氯化铁	$FeCl_3$	Fe	34.4	44
硫酸铜	$CuSO_4 \cdot 5H_2O$	Cu	25.5	100
硫酸铜	$CuSO_4$	Cu	39.8	100
氯化铜	$CuCl_2 \cdot 2H_2O$	Cu	47.2	100
硫酸锌	$ZnSO_4 \cdot 7H_2O$	Zn	22.7	100
硫酸锌	$ZnSO_4 \cdot H_2O$	Zn	36.4	100
碳酸锌	$ZnCO_3$	Zn	52.1	100
氧化锌	ZnO	Zn	80.3	50~80
氯化锌	$ZnCl_2$	Zn	48.0	100
硫酸锰	$MnSO_4 \cdot H_2O$	Mn	29.5	100
碳酸锰	$MnCO_3$	Mn	47.5	30~100
氧化锰	MnO_2	Mn	77.5	70
氯化锰	$MnCl \cdot 4H_2O$	Mn	27.8	100

（续）

矿物质名称	分子式	元素	元素含量（%）	相对生物学利用率（%）
二氧化锰	MnO_2	Mn	63.2	35~95
碘化钾	IK	K	76.5	100
碘酸钙	$Ca(IO_3)_2$	Ca	65.1	100
亚硒酸钠	$Na_2SeO_3 \cdot H_2O$	Na	45.7	100
亚硒酸钠	$Na\ SeO_3 \cdot 5H_2O$	Na	30.0	100
硒酸钠	$Na_2SeO_3 \cdot 10H_2O$	Na	21.4	89

（2）非营养性添加剂　主要包括生长促进剂、驱虫保健剂、饲料保存剂、食欲增进剂、产品质量改良剂及其他一些新型添加剂等（表7-13）。

表7-13　常用非营养性添加剂种类和应用

名　称	种　类	作　用	使　用
促生长与保健添加剂	抗生素，如杆菌肽锌、维吉尼亚霉素等 驱虫保健药物，如盐霉素等 激素类（仅在少数国家作为饲料添加剂使用），包括生长激素、肾上腺素	驱虫保健，增进动物健康，促进生长，提高饲料效率	定时定量使用，以免产生耐受性和药物残留
饲料品质改善添加剂	抗氧化剂，有乙氧基喹啉（山道喹）、丁基化羟基甲苯（BHT）、维生素C、维生素E等 防霉防腐剂，主要有丙酸、丙酸钙、甲酸钙、山梨醇、柠檬酸等 黏结剂常用的有膨润土、黏土、α-淀粉、海藻酸钠等 其他：抗结块剂、乳化剂、除臭剂等 抗生素，如杆菌肽锌、维吉尼亚霉素等	防止饲料在储存、运输过程中霉变变质、氧化	根据饲料的配合形式和季节采用

（续）

名　称	种　类	作　用	使　用
促生长与保健添加剂	驱虫保健药物，如盐霉素等 激素类（仅在少数国家作为饲料添加剂使用），包括生长激素、肾上腺素 抗氧化剂，有乙氧基喹啉（山道喹）、丁基化羟基甲苯（BHT）、维生素C、维生素E等	驱虫保健，增进动物健康，促进生长，提高饲料效率	定时定量使用，以免产生耐受性和药物残留
饲料品质改善添加剂	防霉防腐剂，主要有丙酸、丙酸钙、甲酸钙、山梨醇、柠檬酸等 黏结剂常用的有膨润土、黏土、α-淀粉、海藻酸钠等 其他：抗结块剂、乳化剂、除臭剂等	防止饲料在储存、运输过程中霉变变质、氧化	根据饲料的配合形式和季节采用
饲料诱食添加剂	香味剂，包括乳香、大蒜香、水果香、香兰素、甜橙油等 调味剂，主要有糖精、谷氨酸钠、酸味剂等	改善饲料适口性、增进动物食欲、提高采食量、促进饲料消化吸收	根据猪只生理阶段不同采用
新型添加剂	1. 酶制剂 2. 中草药添加剂	协助消化吸收和补充营养不足	

（3）使用饲料添加剂的注意事项

1）首先，要掌握饲料添加剂的特点、功效、协同或对抗作用、剂量和用法等，然后根据猪的日龄、体重、健康状况等做到有的放矢地使用，切勿滥用。

2）必须按照使用说明书严格控制剂量，遵守注意事项，不要随意变更和增减。

3）使用时，务必搅拌均匀，一般采取逐级拌料法。

4）带有维生素的添加剂勿与发酵饲料掺水拌后储存，切勿煮沸食用。

5）饲料添加剂应存放在干燥、阴凉、避光、通风的地方，切勿曝晒、受潮，一般储存期不要超过6个月，最好是现购现用。

6）维生素添加剂，无论是水制剂还是粉制剂，加水拌和时，水温不得超过60℃，以免高温破坏其有效成分，浸泡时间也不宜过长，一般20min为宜，否则易造成水溶性维生素丢失。

7）注意配伍禁忌，使用饲料添加剂应注意它们之间的互补与拮抗作用。

8）各种抗生素添加剂应交替使用，避免单一添喂，以防猪体产生抗药性。

四、猪的饲料配合

单一饲料往往不能满足猪的营养需要，生产上常按照猪饲料成分及营养价值表，选用几种来源广泛和价格相对便宜的饲料搭配制成混合饲料，使其养分符合所选定饲养标准规定的数量，这一过程和步骤称之为饲料配合或饲粮配合。

1. 猪的饲养标准

根据猪的不同性别、年龄、体重、生产目的和水平，以生产实践中积累的经验为基础，结合能量和物质代谢试验和饲养试验的结果，科学地规定一头猪每天应该给予的能量和营养物质的数量，这种规定，称为饲养标准。

饲养标准包括日粮标准和每千克饲粮养分含量标准两项基本内容。日粮标准即规定每头猪每天需要喂多少风干料，主要有日增重、采食量、饲粮所含有的消化能、粗蛋白质、氨基酸、钙、磷、微量元素和多种维生素等指标。每千克饲粮养分含量标准具体指标同日粮标准，在生产实践中，一般均是按照每千克饲粮养分含量标准设计饲料配方。然后按日粮标准规定的风干料量定额投料饲喂，或不限量饲喂。

2. 配合饲料的种类

配合饲料是指根据猪的营养需要，将多种饲料原料按一定比例和规定的加工工艺配制成的饲料混合物。按营养成分和用途将配合饲料分成添加剂预混合饲料、浓缩饲料和全价配合饲料。

（1）添加剂预混合饲料 又称预混料，是指用一种或多种添加剂（如微量元素、维生素、氨基酸、抗生素等）加上一定数量的载体或稀释剂，按比例混合而成的均匀混合物。

预混料又分为微量元素预混料、维生素预混料和复合添加剂预混料。预混料是半成品，不能直接饲喂猪，只能用来配制猪的饲粮。一般在配合饲料中占0.5%~5%。

（2）浓缩饲料 又称蛋白质补充饲料或平衡用配合料，是由蛋白质饲料、矿物质饲料及添加剂预混料按照一定的比例配制而成的饲料。为配合饲料的半成品，它一般占全价配合饲料的20%~40%。

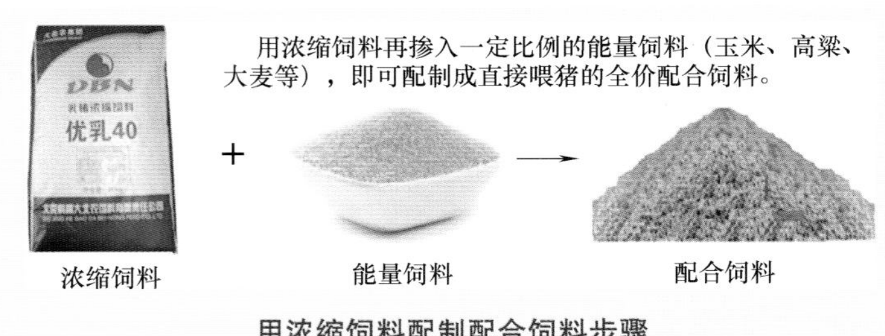

用浓缩饲料配制配合饲料步骤

（3）全价配合饲料 亦称为完全配合饲料、全日粮配合饲料，是指由多种饲料原料和添加剂预混料（或浓缩饲料和能量饲料），按一定比例和规定的加工工艺配制成均匀一致、营养价值完全的饲料。

3. 猪饲料配合的方法

（1）配合饲料的一般原则

1）根据不同情况确定设计方案。由于不同猪种和不同的生长、发育阶段营养需求而要求不同，因此，猪的配合饲料必须针对不同的品种、饲养阶段以及生产目的，确定设计方案。

2）认真执行饲养标准。我国、NRC对各种生长阶段的猪只都制定了相应的饲养标准，可根据所养殖的猪只现状（体重范围、用途）和颁布的标准，确定相应的饲养标准。同时，还应根据实践中猪的生长与生产性能情况予以灵活应用。如发现配合日粮的营养水平偏高，可酌量降低；反之，可适当提高。

3）要兼顾价格和生产性能的平衡。在设计配方时，既要注意饲料的营养水平，尽量使用优质饲料原料，又要考虑饲料的成本，要因地制宜，充分利用当地饲料资源，就地取材，尽量减少粮食比重，增加农副产品以及优质青、粗饲料的比重，如利用玉米胚芽饼、粮食酒糟等代替部分玉米、小麦等能量饲料，使用棉籽饼、菜籽饼等植物性蛋白质饲料代替鱼粉等动物性蛋白质饲料，采用理想蛋白模式等技术以降低产品成本，达到以最小的投入，获取最佳的经济效益。

4）把握原料的营养成分。饲料原料的种类繁多，由于生产地、植物品种、季节、气候等诸多因素的影响，其营养成分也不一样。在设计配方时，要尽可能选择具有代表性的营养成分值，不能采用极端值或仅是一个抽样分析值。比较实际的方法是，参考饲料成分及营养价值表，根据近似值设计配方。

5）注意原料的选择。在设计配方时，要求饲料原料要多样化，以起到营养成分互相补充的作用，从而提高配合日粮的营养价值和饲料利用率。同时，还要注意考虑猪的消化生理特点，尽量选择猪爱吃、适口性好、质量规格符合要求的饲料原料。并注意饲料的储存、水分、发霉变质、受生物污染的情况，禁止使用各种违禁的饲料添加药物和生长促进剂，保证饲料的安全性。

（2）配方设计的计算方法　配合饲料配方制定的方法很多，常用的主要有手工计算配方法和饲料配方软件配方法。手工法有试差法、交叉法、代数法等几种，但计算量大、复杂，而专门的饲料配方软件，采用计算机配方，加快了配方的速度，很适合规模化猪场及饲料加工厂使用。

4. 饲料加工与调制

（1）饲料的调制方法　为了便于消化、去除某些有毒有害物质，饲料原料在饲喂或配料前一般都要进行调制。调制步骤如下：

1）粉碎。用于各类籽实饲料及块状饲料。其目的主要是减少咀嚼，增加与消化液的接触面，从而提高饲料养分的利用率。

饲料粉碎的粗细因猪的生理阶段不同有一定差异。一般细粉碎比粗粉碎消化率可提高10%左右，比整粒饲喂可提高20%以上。刚断奶的仔猪玉米粉碎粒度在300μm以下。

2）制粒。饲料颗粒化是将饲料粉碎后，按照猪的营养需要配合成一定比例，经颗粒机压制成一定规格的圆柱状颗粒。

颗粒饲料与粉状料相比有许多优点：饲料颗粒化可使淀粉糊化，易于消化和吸收；可破坏饲料中的某些抗营养因子及其他一些毒素，改善饲料利用率；符合猪采食习性，有助于消化液分泌，利于健康，还便于储存和运输。

3）膨化。膨化是将饲料加温、加压和加蒸汽调制处理，并挤压出模孔或突然喷出容器，使之骤然降压而实现体积膨大的加工过程。经膨化处理的饲料更容易消化吸收，同时膨化的高温处理几乎可杀死所有的微生物，从而减少饲料对消化道的感染；对于仔猪饲料，主要用于膨化大豆。

4）焙炒熟化。焙炒可使谷物等籽实饲料熟化，一部分淀粉转变糊精而产生香味，也有利于消化。豆类焙炒可除去生味和有害物质，如大豆的抗胰蛋白酶因子。焙炒谷物籽实主要用于仔猪诱食料和开口料，气味香也利于消化。通常焙炒的温度为130～150℃，加热过度可引起或加重猪消化道（胃）的溃疡。烘烤类似焙炒，只是加热较均匀，不像焙炒，一些籽实可能加热过度，降低其营养价值。

5）发酵。发酵是将饲料按0.5%～1%接种酵母菌，保持适当水分，一般以能捏成团，松开后能散开为准，温度关系很大，温度偏低，时间延长。发酵后如不需烘干，原料湿一点也不影响发酵的效果。通过发酵可提高饲料的消化率，减少肠道疾病。

6）青贮。青贮是将饲料加工成一定细度（长度），在一定水分和厌氧条件下，经乳酸菌发酵而成。青贮饲料可长期保存、保鲜。发酵好的饲料有一股酸香味，适口性也不错。

青贮饲料时，先挖一青贮池，宽度通常为2.5～3m，深度以不超过3m为宜，内衬上一层塑料薄膜，将切碎的青绿饲料填满、压实密封、盖严，30天后取用。

7）打浆。打浆主要用于各种青绿饲料和各种块茎饲料。将新鲜干净的青绿或块茎饲料投入打浆机中搅碎，使水分溢出，变成稀糊状。含纤维多的饲料，打成浆后，可以用直径2mm的钢丝网过滤除去纤维等物质。打成浆的饲料应及时与其他饲料混合后饲喂，不宜长时间存放，特别是夏季，以免变质。

（2）配合饲料的加工工艺　配合饲料的加工工艺按传统分类方法有先配料后粉碎和先粉碎后配料两种工艺，在应用上各具特点。

1）先配料后粉碎工艺。该种工艺是将主、副原料按饲料配方，用配料装置逐一配料计量，一起送入粉碎机粉碎，然后，进入混合设备进行分批混合或连续混合，并在开始混合时将微量组分加入预制一起混合均匀后即成为粉状配合饲料。

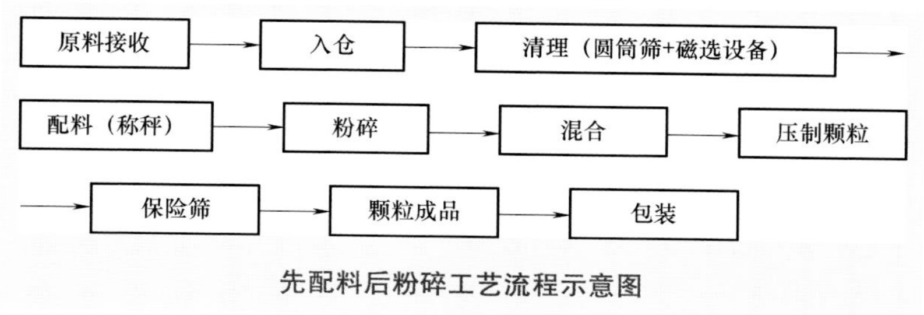

先配料后粉碎工艺流程示意图

优点：原料仓兼作配料仓，可省去大量配料仓及控制设备，还可避免配料仓中粉料结块问题，对于减少容积式配料器的配料误差有一定好处。其粉碎机粉碎的是多种物料的混合料，故操作简单，不需经常更换品种，减少换料时间，提高粉碎机的利用率，同时，粉碎机还能起到一定的混合作用。

缺点：由于多种原料流经粉碎机，操作条件控制较难，粉料经过粉碎机时造成粉碎过细，增加能耗。加之配料与混合连贯性不好，对产品质量有影响，因此，该工艺一般只适应于产量每小时2t以下的饲料厂或中小型规模化养猪场使用。

2）先粉碎后配料工艺。该种工艺是将要粉碎的原料逐一粉碎并存于各配料仓中，不需粉碎的副料也逐一存入各配料仓中，然后再由计量器按配方的各种比例逐一计量，再经混合设备搅拌均匀后即成为粉状配合饲料。

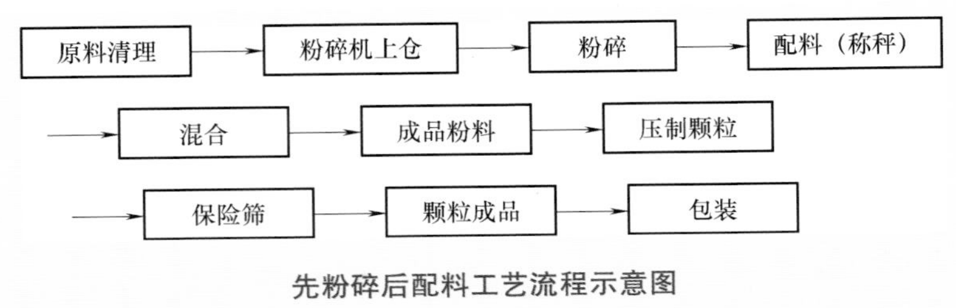

先粉碎后配料工艺流程示意图

优点：原料分别粉碎，可根据每种原料的特性来控制操作条件，发挥粉碎机的最大效率。该种工艺适合于生产能力在时产5t以上的较大型饲料厂或大规模养猪场。

缺点：由于各种原料品种分别粉碎，并按各种原料的颗粒要求进行调制，需要配备很多配料仓，同时也需要配备多台粉碎机，一次性投资费用较大。

5. 饲料质量检测

（1）检测项目 包括饲料原料的检测和饲料成品的检测。

1）饲料原料的检测。主要检测原料的色泽、气味、水分、发热、虫蛀、杂质、粗细度和霉变等情况，并做出质量判断。实验室检测主要是分析水分、粗蛋白质、粗纤维、灰分、钙、磷；饼粕类除检测粗蛋白质外，还应检测脲酶活性；骨粉、磷酸氢钙应检测钙、磷和氟；石粉、贝壳粉检测钙的含量。

2）成品的检测。成品主要检测其混合均匀度、水分，定期抽样分析化验粗蛋白质、钙、磷、盐分等，并检查饲料的品种、数量、包装规格、出厂日期、保质期等。

（2）检测方法 主要包括一般感官鉴定、物理鉴定和实验室化学测定。

1）一般感官鉴定。

① 视觉。

通过视觉观察饲料的性状、色泽，有无霉变、结块、虫蛀及异物、夹杂物等。

② 嗅觉。通过嗅觉鉴别饲料有无霉臭、腐臭、氨臭、焦臭等。

通过嗅觉鉴别饲料有无霉臭、腐臭、氨臭、焦臭等异味。

③ 味觉。

少取饲料放在口内，品尝一下饲料的味道。

④ 触觉。

少取饲料放在手上，用指头捻动感觉粒度的大小、硬度、黏稠性、有无夹杂物或水分多少等。

2）物理鉴定。一般借助于物理器械鉴定饲料中异物或杂质。

① 筛分法。

根据不同原料，采用不同孔径的筛子，测定混入的异物或大致粒度，采用 USA 系列筛可以准确测定饲料粒度。

② 容重测量法。

谷类及其他浓厚饲料都有固定的比重。测定饲料的容重，与标准容重比较，即可测出饲料中是否混有杂质或饲料的质量状况如何。

③ 比重法。将饲料倒入各种比重液中，查看样品的沉浮，以判别有无泥沙、稻壳、花生皮和锯末等。

④ 镜检法。

用放大镜或立体显微镜将试样放大 10～50 倍观察，或加入透明剂或药物处理更易观察。

第八章

猪场经营与管理

养猪企业投入资金大，技术性强，因此，风险也很大。要正常运行，使养猪生产取得高产、高效、优质，不仅要注重先进的科学技术、提高科学养猪生产水平，更要注重科学的经营管理。

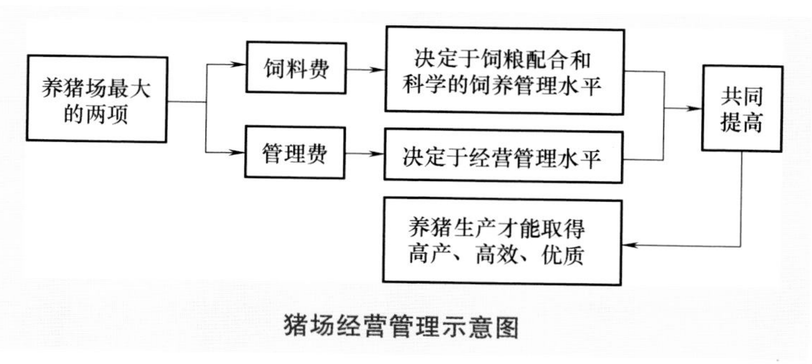

猪场经营管理示意图

一、养猪场的类型

养猪场的规模和专业化的方向不同，其类型不一样。

1. 根据专业化的方向分类

（1）种猪场

种猪场是以培育繁殖和推广优良猪种为目的的养猪场。可分为：原种猪场、良种繁殖场、地方良种猪场、引入良种猪场和综合良种猪场。

新美系大约克夏种猪

(2) 繁育猪场

繁育猪场是以饲养优良母猪，向社会提供杂交仔猪或纯种仔猪作为育肥的猪场。

杂交商品猪仔猪

(3) 育肥猪场

育肥猪场是以向社会提供商品肉猪或商品肉为目的的猪场，一般不养种公猪，所需仔猪主要从种猪场或繁育场购入。

杂交商品猪育肥猪

(4) 综合型猪场

综合型猪场是既养母猪，又养育肥猪，实行自繁自养的猪场。

综合猪场母、仔猪与商品肥猪

2. 根据养猪场的规模分类

（1）大型猪场（表8-1）

表8-1 大型猪场规模

类　型	基础母猪/头	商品猪/(头/年)
自繁自养型	>3000	>50000
仔猪育肥型	0	>50000
繁育仔猪型	<3000	仔猪<50000

（2）中型猪场（表8-2）

表8-2 中型猪场规模

类　型	基础母猪/头	商品猪/(头/年)
自繁自养型	<1000	<10000
仔猪育肥型	0	<10000
繁育仔猪型	<1000	仔猪<10000

（3）小型猪场（表8-3）

表8-3 小型猪场规模

类　型	基础母猪/头	商品猪/(头/年)
自繁自养型	<100	<1600
仔猪育肥型	0	<1600
繁育仔猪型	<100	仔猪<1600

（4）散养户（表8-4）

表8-4 散养户规模

类　型	基础母猪/头	商品猪/(头/年)
自繁自养型	<10	<160
仔猪育肥型	0	<160
繁育仔猪型	<10	仔猪<160

3. 几种养猪生产类型的比较（表 8-5）

表 8-5　几种养猪生产类型比较

分类	主要优点	主要缺点
生产肥猪	经营方式简单，易于起步，而且可根据市场行情的波动，随时上马或下马。如果能摸准市场脉搏，不但可以赚取养猪本身的利润，还可赚取差价 猪群全进全出，猪舍结构要求相对简单，设备要求不高 饲养周期短，固定资产投入少，资金周转快，每个栏舍每年至少可饲养 3 批	仔猪供应不稳定，很难买到品种、质量、规格一致的仔猪 对仔猪疫病和免疫情况不可能了解得很清楚，易将疫病带到猪场，有引发疫病的危险 流动资金较大，收益易受市场波动的冲击，利润随仔猪和大猪的市场价格变化而变化
生产仔猪	流动资金投入较少 开始周转慢，一旦种猪投入正常生产后，资金周转就会加快 每头猪的采食和排泄都较少，每天投入喂料和清粪的劳动力相对较少 种猪一旦固定，就很少到场外购猪，从外界带入疫病的概率减少，因而能保证良好的安全卫生和健康状态	固定资产投入较高，不但要建造妊娠母猪舍、哺乳母猪舍和仔猪保育舍，还要花较多的资金购买种猪 猪舍结构是产房、哺乳母猪舍和保育舍，不但需要较科学的猪舍结构，还要有防暑保暖及通风等设备 收益受仔猪市场价格的影响较大，每头猪的利润较小，因为另一部分利润分摊到育肥猪上了 种猪饲养和仔猪培育都要求有较高的技术水平，既要求有较高的产仔指数和初生窝重，还要求有较高的哺育率
综合饲养	从场外购猪的概率小，因此带入疾病的机会减少，猪场安全卫生有保障 可获得仔猪和育肥两部分收益，因而每头猪的利润高 自繁自养，有利于均衡生产	固定资产和流动资产投入高 生产周期长，从母猪培育到肥猪出售需 18 个月以上 技术要求高、管理难度大，需要掌握各个环节的科学饲养、管理技术 需要投入更多的时间和劳动力 收益受育肥市场的冲击较大

（续）

分类	主要优点	主要缺点
生产种猪	种猪售价无一标准，往往大大高出肉猪价格，因而利润一般会较高 具有全程饲养的所有优点	由于缺少杂种优势，因而出售的仔猪总数可能较少 要投入更多的时间和精力来保存系谱和做详细的性能记录 要增加选种、育种方面的时间和费用 种猪销售需要市场中的众多其他饲养商来察看选购猪群，这将会带来安全卫生风险

二、猪群的组成管理

无论什么类型的猪场，都要根据生产要求，不断地调整各类猪的比例，以组成合理的猪群规模和结构，以保证猪群正常补充淘汰，进行再生产和扩大再生产。

1. 猪群的类别

根据猪的不同年龄、体重、性别和用途将猪划分为不同的类别。

（1）幼猪　从出生到4月龄的猪。又分为哺乳仔猪和育成猪。

从出生到断奶时的仔猪称为哺乳仔猪。一般也指60天以内的仔猪。从断奶到30kg的猪称为保育猪，4月龄的猪称为育成猪。

(2) 后备猪

后备猪是指5月龄到开始配种以前留作种用的猪。根据后备猪的性别不同分为后备母猪和后备公猪。

(3) 种猪 凡参与配种的公猪统称为种公猪，凡参与配种产仔的母猪统称为种母猪。种猪场为了确保猪群的质量，对留作种用的猪经多次鉴定，符合标准后转入基础群中。因此，一般对种公猪和种母猪更细致地分为检定猪和基础猪。

检定公猪是指1岁左右已参加配种的种公猪。

基础公猪是指经检定合格的种公猪，一般在一岁半以上。

检定母猪是指1岁左右、产仔1~2胎的种母猪。

基础母猪是指经检定合格的种母猪，一般在一岁半以上。

(4) 育肥猪 也叫肥育猪，是指专门用来生产猪肉的猪。根据育肥阶段的不同，又将其分为架子猪和催肥猪。

架子猪是指出生后 5 月龄到催肥前的去势公、母猪。催肥猪是指出栏前 1～2 个月的猪（一般 7～10 月龄的猪）。

2. 猪群的组成与周转

（1）猪群的组成 不同类群的猪在猪场猪群中的比例关系叫猪群的组成或猪群结构，猪群的结构是由养猪场的生产方向和生产任务所决定的。

在种猪场和良种繁育猪场，主要包括种公猪、种母猪和后备猪三种。种公猪和种母猪的比例，取决于基础母猪的头数。

在采取本交的猪场，公猪和母猪的比例一般为公∶母＝1∶(20～30)。如果采用人工授精，1 头种公猪相当于 6～8 头本交所需的种公猪。

在繁殖猪群中，种猪群的年龄结构对于生产指标有重要影响。一般母猪 3～6 岁时生产性能较高，6 岁以上生产性能开始下降，应予以淘汰。根据我国养猪实际情况，可参照表 8-6 数据调整母猪群的结构。

当繁殖母猪平均年龄很小时，其平均排卵数低，以致窝产仔数低；相反，平均年龄很大时，虽然排卵较高，窝产仔数较多，但死胎和伤亡率较高，而且幼龄和老龄母猪受胎率都比较低。

表 8-6　母猪群不同年龄结构

类　别	年　龄	占基础母猪的比例	备　注
检定母猪	1～1.5 岁	40%～60%	不包括在基础母猪内，一胎后不合格作一产母猪育肥，合格后转基础母猪
基础母猪	1.5～2 岁	35%	
	2～3 岁	30%	
	3～4 岁	20%	
	4～5 岁	10%	
	5 岁以上	5%	
核心母猪	2～5 岁	25%	包括在基础母猪群内，为本场提供后备群

在综合猪场，猪群一般包括种公猪、基础母猪、检定母猪、后备母猪和育肥猪几个类群。育肥猪群根据年计划出栏的头数和饲养周期来确定（照下列公式估算）。

$$育肥猪群头数=\frac{本场育肥周期（育肥饲养的周数）\times 计划出栏数}{12}$$

$$基础母猪群头数=\frac{育肥猪群头数}{平均分娩胎数\times 平均窝产仔成活数}$$

种公猪和后备猪、检定猪的比例计算和种猪场、繁育场相同。总之，要坚持自繁自养，重视选择优秀的青壮年公、母猪作为基础群的原则。以优良性状的猪替代生产性能较差的猪，使得猪群质量不断提高。一般要求品质优良的青壮年公、母猪在基础猪群中必须保持 80%～85% 的比例。猪群的组成和周传示意图见下图。

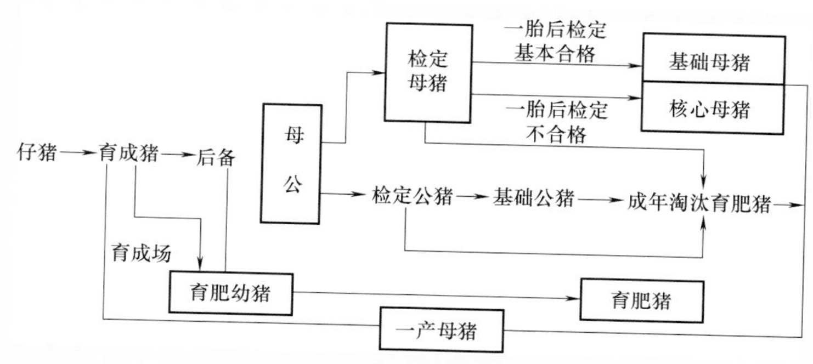

猪群组成和周转示意图

（2）猪群的周转 在周转中，后备猪成熟后，经配种转为检定猪群；公猪经鉴定其生产性能良好转入基础猪群，不合格者淘汰进行育肥。检定分娩后的母猪，根据其产仔和哺乳情况，来确定转入基础母猪群中作核心母猪或一般繁殖母猪，还是淘汰育肥。核心群仔猪断奶后经选拔再转群；基础母猪 5～6 岁以后，生产性能降低淘汰育肥。种公猪利用 4～5 年后，不合要求的进行淘汰育肥。

3. 猪的分群管理

由于猪的性别和生长发育阶段不同，其生理特征、生活习性和营养需要都有差异，因此，在养猪场要将不同类群的猪采取分群饲养管理，也有利于合理组织劳动力、专业分工等。

三、猪场的计划管理

养猪场的计划管理是通过编制计划，根据市场变化调整计划和实施计划来实现的。根据计划管理的要求，养猪场需要编制长期计划、年度生产计划和阶段作业计划。

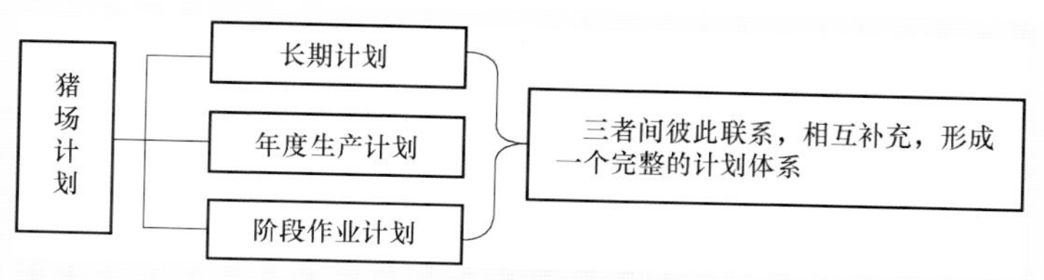

猪场的计划组成示意图

1. 长期计划

长期计划也叫远景计划。是猪场长期（一般为5年）发展生产的纲领和安排年度生产计划的依据，由于长期计划涉及时间长，影响因素多且复杂，因此，不可能规划得十分详尽具体。

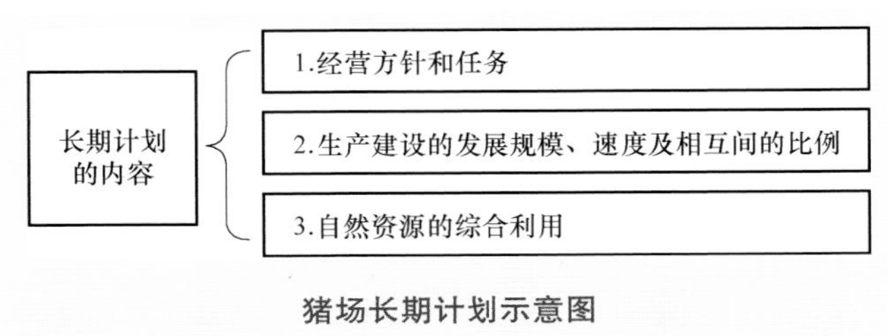

猪场长期计划示意图

2. 年度生产计划

年度生产计划是拟定猪场当年生产经营活动的行动方案，是计划管理的主要内容，也是长期计划的具体实施和阶段作业计划的依据。年度生产计划一般在上年度末制订。制定时在总结上年度生产经验，编制财务决策，修订各项定额（如饲料、劳动、设备利用、繁殖和增重定额等）的基础上来制定，其中应以销售计划为前提，生产计划为核心，技术、物质和资金为保证。年度生产计划的主要内容有：

（1）总任务 即猪场年内生产和推广的种用幼猪头数与总增重，或者是出售育肥猪的头数与总增重，以及总产量、成本和利润等经济效益计划指标。

（2）配种分娩计划 配种分娩计划是计划年度内所有繁殖母猪各交配的头数、分娩头数和产仔数，它是组织猪群周转的主要依据（表8-7）。

编制配种分娩计划时还需要参考以下资料。

1）气候条件与饲料全年供应情况。在气候温和、优质饲料供应充足的情况下，有利于母猪繁殖和仔猪的生长。最好把分娩期定在一年中最好的季节，实行季节性的集中配种与分娩。

2）合理利用猪舍、生产工具和劳动力。为能充分利用猪舍、生产工具和劳动力，减少成本，以全年均衡配种和分娩较为适宜。

表 8-7　猪场配种分娩计划

年度	交配				分娩							产仔头数
	月份	基础母猪头数	检定母猪头数	合计	本年度月份	分娩胎数			活产仔数			
						基础母猪	检定母猪	合计	基础母猪	检定母猪	合计	
上年度	9				1							
	10				2							
	11	15		15	3	15		15	150		150	135
	12	25	16①	41	4	25	16	41	250	128	378	340
本年度	1				5							
	2				6							
	3				7							
	4		16②	16	8		16	16		128	128	115
	5	15		15	9	15		15	150		150	135
	6	25③		25	10	25		25	250		250	225
	7				11							
	8				12							
	9				全年	80	32	112	800	256	1056	950
	10											
	11											
	12											

注：① 系前一年度转来的检定母猪，第二产后，选优秀者转入基础母猪群 8 头。

② 系前一年度 32 头后备母猪群中选留优秀者转入检定母猪群 16 头。

③ 25 头原有基础母猪，淘汰 8 头老年者，剩下 17 头。16 头检定母猪选留优秀者转入 8 头。

3）合理利用种猪。实行全年均衡配种与分娩对种猪的合理利用有利。

4）提高产品率和理想的产品出场时期。在养猪生产中，除了考虑提高猪生产的产品率（如仔猪成活率与增重、优质猪肉生产、优良种猪的供应等)，还必须考虑社会的需求、市场价格等因素。一般每年 10 月到下年度 3 月期间，是猪肉销售的旺季，市场价格也比较好，种猪和仔猪的价格也比较高。因此，各个养猪场要根据上述原则，结合本场实际，周密考虑，做出合理安排。

(3) 猪群周转计划 制定猪群周转计划，主要是确定各类猪群的头数，猪群的增减变化以及年终保持合理的猪群结构。该计划是计算产品、产量的依据之一，也是制定饲料与劳动需要的依据之一(表 8-8)。

表 8-8 猪群周转计划表

项目		上年存栏	本年度月份												合计
			1	2	3	4	5	6	7	8	9	10	11	12	
基础公猪	月初数														
	淘汰数														
	转入数														
检定公猪	月初数														
	淘汰数														
	转入数														
	转出数														
后备母猪	月初数														
	淘汰数														
	转入数														
	转出数														
基础母猪	月初数														
	淘汰数														
	转入数														
检定母猪	月初数														
	淘汰数														
	转入数														
	转出数														

（续）

项目		上年存栏	本年度月份												合计
			1	2	3	4	5	6	7	8	9	10	11	12	
后备母猪	月初数														
	淘汰数														
	转入数														
	转出数														
哺乳仔猪															
断奶仔猪															
育成猪															
育肥猪	60kg前														
	60kg后														
月末存栏总数															
出售淘汰总数	后备公猪														
	后备母猪														
	育肥猪														
	淘汰种猪														

（4）产品生产计划　是指以猪群周转计划为基础，按照猪的单产水平来制定的全年提供产品的总量及其逐月分布的状况，包括主产品和副产品。

种猪场的主产品是提供仔猪，以头数计算产量，商品猪场的主产品是猪肉，以育肥头数乘以每头出栏活重获得。猪粪尿则是一切猪场的副产品。

（5）饲料供需计划　是指计划年度内猪群的饲料需要量以及饲料的生产数量。一般根据猪场在计划年度内各类猪群的平均头数，以及每头猪的饲料消耗的定额而定（表8-9）。

表 8-9　饲料每月需要量表

项	目	公猪		母猪				仔猪		育成猪	育肥猪	全年量
		后备公猪	种公猪	后备母猪	空怀母猪	妊娠母猪	哺乳母猪	哺乳仔猪	断奶仔猪			
1	头数											
	饲料量											
2	头数											
	饲料量											
3	头数											
	饲料量											
4	头数											
	饲料量											
5	头数											
	饲料量											
6	头数											
	饲料量											
7	头数											
	饲料量											
8	头数											
	饲料量											
9	头数											
	饲料量											
10	头数											
	饲料量											
11	头数											
	饲料量											
12	头数											
	饲料量											
合计												

（6）物质供应计划　包括生产用物质供应计划和非生产用物质供应计划。生产用物质计划需要量可根据猪场平均饲养猪的头数，计算计划年度内猪场全年所需的兽医药品及其他物质消耗必须保证当年生产急需的物质。

（7）基本建设计划

基本建设计划是指本年度内进行基本建设的项目和规模，其中包括添建各类房舍的面积，固定资产的购置，以及材料、用工和投资的数量等。

（8）劳动力使用计划

根据平均饲养猪的头数及其他作业项目和劳动定额，确定计划期内所需用的人力，并预算劳动工资，编制工资表。

（9）财务计划　即用货币反应猪场全年生产成果和各项消耗的计划，其内容包括：各项收入计划、各项生产费用和管理费用计划、年度收支盈亏计划和按猪群或生产单位核算的全年收支盈亏计划等。

总之，年度生产计划需全面地反映生产经营的全貌，对各项指标做出具体规定，以便作为全年猪场各项生产活动的依据。

3. 阶段作业计划

阶段作业计划是指年度生产任务在各个不同时期的具体安排，可以按照季度和月份来编制。计划中提出本阶段的具体任务，在执行和落实中，严格进行督促和检查，使定期检查和日常统计相结合，并针对存在的问题采取相应措施，进行修订、补充和完善，以合理组织劳动和物质供应，使全部作业在规定的时间内保质保量地完成。

阶段作业计划一般编制成报告书，多采用表格与文字说明相结合的形式，主要表格可分为生产计划表、生产成本表和财务计划表三部分，如某猪场年计划生产效率表（表8-10）。

表8-10　某猪场年计划生产效率表

项　　目	差	好	优
母猪年供出栏猪/头	14	18	26
全群料肉比	3.4	3.2	2.8
育成（肥）日龄	180	165	150
成活率			
健仔成活率（%）	90	93	96
保育成活率（%）	93	95	98
育肥成活率（%）	98	98.5	99
分娩率（%）	85	90	95
胎均产活仔猪数/头	9	10.5	12.5
窝均健仔数/头	8	9	11
胎均总产仔数/头	9.5	11	12
产仔初生重/kg	1	1.3	1.6

4. 猪场计划的编制方法

（1）平衡法　即把计划任务同猪场内不可能提供的各种条件，如土地、劳力、机具、设备技术力量、饲料和资金等进行比较，通过反复平衡，有计划地协调它们之间的比例关系。平衡法的应用主要是通过编制各种平衡表来实现的（表8-11）。

（2）定额法　是以有关定额为主要约束来编制计划的方法。如房舍对养猪的容量，则限制养猪头数。

（3）动态计划法　即把猪场作为系统，运用动态仿真模型使系统内部结构和外部协调关系表达出来，根据内外部条件变化趋势进行动态仿真，以此编制出生产发展与投入产出计划。

表 8-11 猪场计划平衡表

项目		饲料/t			劳力/个	资金/元	…	产品			
		精料	青料	粗料				种猪/头	仔猪/头	肉猪/头	猪肉/kg
Ⅰ	需要量										
	供应量										
	余缺量										
Ⅱ	需要量										
	供应量										
	余缺量										

四、猪场的劳动管理

1. 岗位职责

在猪场的劳动管理中，应包括场长、技术副场长、技术员、兽医防疫人员、各类饲养员、会计和出纳、值班人员以及其他杂务人员等，它们各自承担相应的职责。

（1）场长 负责猪场的全面指导、指挥和经营决策工作。

（2）技术副场长 负责猪场的全面科技工作、负责技术指导工作。

（3）技术员 负责猪场的技术工作。

（4）兽医防疫人员 负责全厂的防疫、消毒、卫生检查以及病猪的诊断、治疗。

（5）饲养员 负责猪只的饲喂，圈舍内的卫生，检查饲料质量；协助维修人员及时检查、修理养猪设施；配合配种员、兽医及时给猪治病、配种，保证完成规定的任务。

（6）会计与出纳 负责全场的财务，包括预算、决算、成本核算、发放工资和平时统计工作。

2. 生产责任制

实行生产责任制，能使猪场在生产中建立起正常的秩序，有效地进行计划领导和推行经济核算，有利于发挥员工的积极性，达到以期增加生产、降低成本的目的。

生产责任制的形式有多种：

（1）联产计酬 是联系产量计算报酬，即年初按不同生产类别规定产量、质量或产值指标，到年底结算，超产奖励，减产惩罚。

（2）联产承包　有企业承包和企业内部承包两种方式。

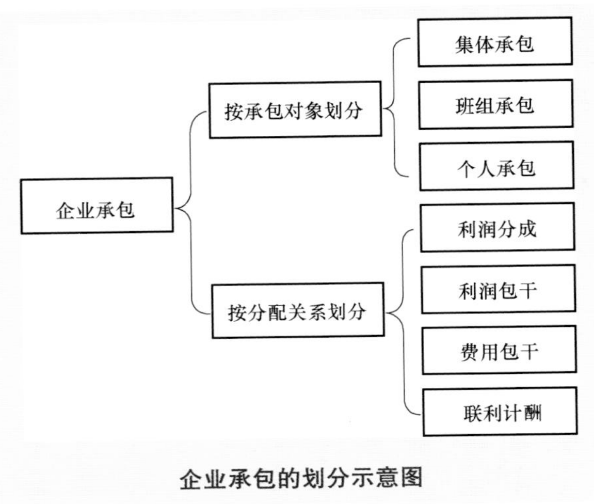

企业承包的划分示意图

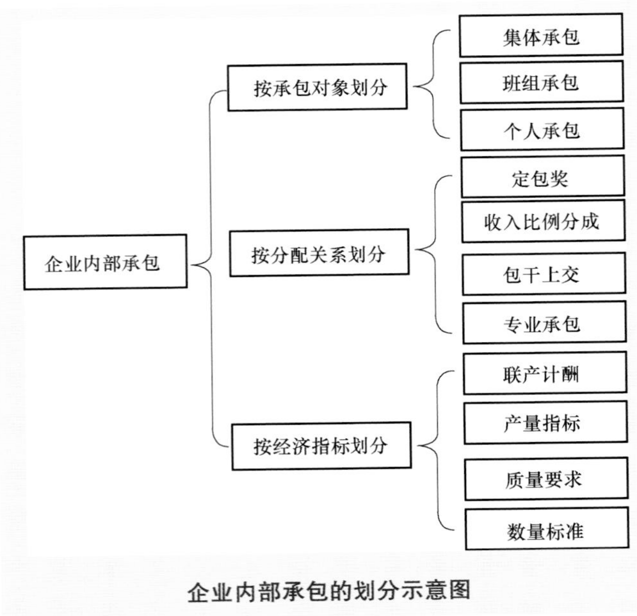

企业内部承包的划分示意图

3. 岗位责任制

定额管理是岗位责任制管理的核心，其显著特点是管理的数量化。在养猪业岗位责任制管理中最主要的是劳动定额和其他定额管理。

（1）劳动定额 是生产过程中完成一定养猪作业量或产品量所规定的或劳动消耗标准。劳动定额的划分标准有以下几种。

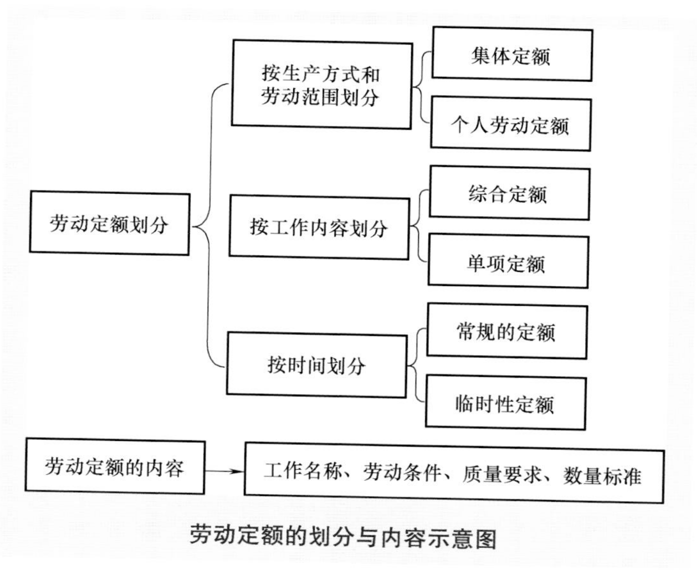

劳动定额的划分与内容示意图

劳动定额的类型主要有：

1）劳动手段定额。是完成一定生产任务所规定的机械和设备及其他落实到手段应配备的数量标准。如饲料加工机具、饲喂工具、猪栏等。

2）劳动力配备定额。按生产和管理实际需要所规定的人员配备标准。如每个饲养员应负担的主群头数、饲料管理人员的编制定额等。

3）劳动量定额。在一定的质量标准前提下，规定单位时间内完成的工作量或产量。如人工日作业定额等。

（2）其他定额管理

1）物质消耗定额。为生产一定产品或完成某项工作所规定的原材料、燃料、电力等的消耗指标。如饲料消耗、药品消耗等。

2）工作质量和产品质量定额　如母猪受胎率、产仔率、成活率、肥猪出栏率及产品的等级品率等。

3）财务收支定额。在一定的生产经营条件下，允许占用或消耗财力的标准，以及应达到的财务标准。如资金占用定额、成本定额、各项产值、收入、支出和利润定额等。

4. 劳动纪律

劳动纪律又称职业纪律，是指劳动者在共同劳动中所必须遵行的劳动规则和秩序。是保证劳动者按照规定的时间、质量、秩序和方法完成自己所承担的工作任务的行为准则。

养猪场应依法建立和完善猪场内各种规章制度，教育职工严格遵守和执行，保障劳动者享有劳动的权利和履行劳动的义务。

猪场应建立的各项规章制度示意图

五、猪场的财务管理与核算

1. 财务管理

财务管理直接关系着发展生猪生产与节约资金的问题，所以，各类养猪场都应做好财务管理工作，建立健全财务管理制度，如固定资金、流动资金、专用资金、成本和利润管理方面的财务管理制度，以及财务计划、预决算、原始记录，物质出入库手续、计量与验收、财务收支标准与审批、财务检查与分析等，编制好财务计划，并认真执行，不断提高管理水平。

2. 猪场的经济核算

为了实现以尽可能少的劳动消耗和物质，生产出尽可能多而好的产品，获得最大经济效益，养猪场需要应用价值法则，建立和健全经济核算制度，进行经济核算。其主要内容包括基本建设的经济核算和生产活动的经济核算。

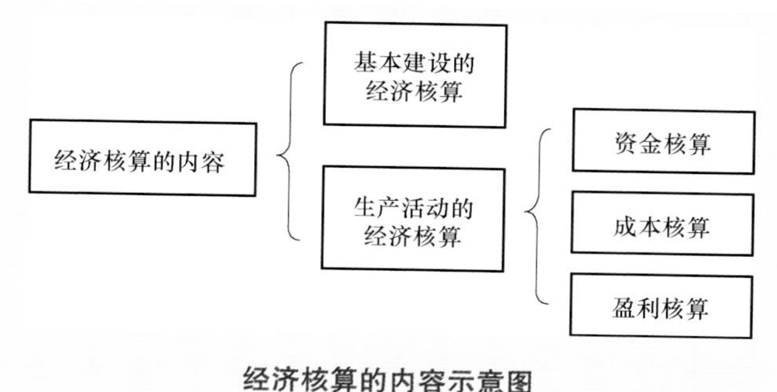

经济核算的内容示意图

猪场的经济核算，应以计划财务部门为中心，组织各职能部门对全场范围的品种、产量、质量、消耗、劳动生产效率、资金、成本和利润等指标进行全面核算。生产班组是基层生产单位，也要核算，一般只核算产量、质量、劳动考勤、劳动生产效率，原材料消耗等指标。实行联产承包的劳动单位，除与生产班组核算的指标相同外，还要全面核算其费用成本、收入、利润以及有关资金等指标内容。

（1）资金核算　包括固定资金和流动资金核算。

1）固定资金核算。也就是固定资金的利用情况核算和折旧核算。通过分析固定资金的利用情况，来核算其使用的经济效果，一般用每100元产值占用多少固定资金数量来表示，占用的越少，说明利用得越好，或求每100元固定资金提供的纯收入，提供的纯收入越多，其利用效果就越好，它们可按下列公式求得：

$$固定资金占用率=\frac{以原值计算的固定资产全年平均总值}{全年各业总产值}\times100\%$$

$$或固定资金收入率（或纯收入）=\frac{总收入（或纯收入）}{生产用固定资金总额}\times100\%$$

在日常工作中，计算固定资产折旧额，采用平均使用年限法，其公式如下：

某项固定资产年折旧额

$$=\frac{\text{某项固定资金原值}-(\text{预计残值收入})-\text{预计管理费用}}{\text{某项固定资金使用年限}}\times 100\%$$

如果事先规定了折旧率，就可以根据固定资产原值来计算折旧额。

某项固定资产折旧额 = 该固定资产原值 × 该固定资产折旧率

2）流动资金核算。就是用流动资金周转速度来评价流动资金的利用情况。一般采用下面两种指标，其计算公式是：

$$\text{流动资金年周转次数}=\frac{\text{年销售收入总额}}{\text{年流动资金平均占用额}}$$

年平均流动资金占用额，一般按四个季度会计账上的流动资金平均计算。

$$\text{流动资金周转一次所需天数}=\frac{360}{\text{年周转次数}}$$

还可以用一定时间内实现每 100 元收入所占用的流动额表示，其计算公式是：

$$\text{每 100 元收入占用的流动资金额}=\frac{\text{年流动资金平均占用额}}{\text{年销售收入总额}}\times 100\%$$

流动资金周转速度越快，其利用率就越高，就能以较少的流动资金生产出更多的产品。

（2）成本核算 是把在生产中所发生的各项费用（包括直接费和间接费用），按不同的产品对象和规定的方法进行归集和分配，借以确定各项生产阶段的总成本和单位成本。

猪场成本核算的主要内容有养猪生产费用核算和猪群产品成本核算。

1）养猪生产费用核算。指养猪生产中的各项消耗费用的核算，包括劳动消耗和物质消耗两个方面。

① 劳动消耗核算。其内容包括交付给饲养、配种、防疫、饲料生产、产品加工人员的工资和福利费等支出。计算支付产品的工资，是用工资单价乘以投到该产品的总用工数。工资单价计算公式如下：

$$\text{工资单价}=\frac{\text{实际支付工人的工资福利费总额}}{\text{实际投入生产工数}}$$

② 物质消耗核算。其内容见表 8-12。

表 8-12 猪场各种物质消耗费用

项 目	内 容
饲料费	指饲养各类猪群直接消耗的各种饲料的费用
燃料和动力费	指猪场养猪生产过程中所用的燃料和动力费用
水电费	猪场生产过程中消耗的全部水费、电费
医药费	直接用于猪群预防和疾病治疗所消耗的兽药和器械等费用
种猪摊销费	指种公、母猪逐年减少价值摊销产品成本中的金额
折旧费及修理费	指为各类猪群使用的猪舍及其他设备的折旧与修理费用
低值易耗品费	指能直接计入的低值工具和劳保用品消耗的费用
其他费用	包括猪场内不属于上述费用的其他开支，如共同生产费、企业管理费等

以上各项成本费的总和减去副产品收入即为该猪场生产总成本。产品总成本除以产品产量便得出产品单位成本。

2）猪群产品成本核算。包括猪的活重成本核算和猪的增重成本核算，前者是计算总活重中每单位重量的成本，后者是计算每增重一单位重量的成本。

① 猪的活重成本核算。猪的活重计算公式如下：

猪的全年总重 = 年终存栏猪活重点 + 本年内离群猪的活重（不包括死亡猪）

猪的全年活重总成本 = 年初存栏猪的价值 + 购入即转入的价值 + 全年饲养费用 − 全年粪肥价值

② 猪的增重成本核算。主要是计算每增重一单位重量的成本。其计算步骤是先计算出猪群的总增重量，再计算其每增重一单位重量的成本。计算公式如下：

猪群的总增重 = 期内存栏猪活重 + 期内离群猪活重（包括死亡在内） − 期内购入转入和期初结转的猪的活重

$$\text{猪群每千克增重成本} = \frac{\text{该群猪全部饲养费用（包括死亡在内）} - \text{副产品收入}}{\text{猪群的总增重}}$$

③ 成年猪群成本核算。其计算步骤和公式如下：

$$\text{生产总成本} = \text{直接费} + \text{共同费} + \text{管理费}$$

$$\text{产品成本} = \text{生产总成本} - \text{副产品收入}$$

$$\text{单位产品成本} = \frac{\text{产品成本}}{\text{产品数量}}$$

$$\text{饲养日成本} = \frac{\text{猪群饲养费用（不减副产品价值）}}{\text{猪群饲养头日数}}$$

④ 仔猪成本核算。仔猪成本包括基础母猪和种公猪的全部饲养费用。以断奶仔猪活重总量除以基础母猪群的饲养总费用（减去副产品收入），即得仔猪单位活重成本。但是由于哺乳仔猪往往有跨年度的情况，所以计算公式比较复杂。

在不跨年度的情况下，其计算公式如下：

$$\text{断奶仔猪单位活重成本} = \frac{\text{基本猪群（基础母猪、种公猪、副产品猪、未断奶仔猪等）} - \text{收入}}{\text{断奶仔猪头}}$$

在跨年度的情况下，其计算公式如下：

$$\text{断奶仔猪单位活重成本} = \frac{\text{年初结存未断奶仔猪价值} + \text{当年基本猪群饲养费用} - \text{副产品收入}}{\text{当年断奶仔猪转群时的总重量} + \text{年末结存未断奶猪总重量}}$$

由于各种原因而造成猪死亡或丢失的损失，一般由群内活猪负担，进行摊销。

（3）盈利核算 盈利是销售产品收入减去成本后的所得，它包含利润和税金两部分。盈利减去上缴国家及地方政府的税金，即是利润。盈利越多，说明经营管理水平越好，对社会贡献也越大。盈利核算主要是考核利润总额和利润率。

$$\text{利润总额} = \text{产品销售收入} - \text{生产成本} - \text{销售费用} - \text{税金} \pm \text{营业外收支净额}$$

利润率是将利润与生产成本、产值、资金进行比较。有以下 3 种表示方式。

1）成本利润率。反映进入生产阶段被消耗的那一部分流动资金的利用情况。成本利润率不仅是反映猪场生产、经营管理效果的重要指标，而且也是制定价格的重要依据。其计算公式如下：

$$\text{成本利润率（\%）}=\frac{\text{销售利润}}{\text{销售产品成本}}\times 100\%$$

2）产值利润率。是指一定时期的销售利润总额与总产值之比，它表明单位产值获得的利润，反映产值与利润的关系。其计算公式如下：

$$\text{产值利润率（\%）}=\frac{\text{总利润额}}{\text{产品总值}}\times 100\%$$

3）资金利润率。即占用的单位资金，所创造多少利润，反映猪场资金利用的效果。资金利润高，说明经营有成效。其计算公式如下：

$$\text{资金利润率（\%）}=\frac{\text{年利润总额}}{\text{资金总额}}\times 100\%$$

3. 猪场经济活动分析

根据经济核算反应的生产情况，对猪场的产品、劳动生产率、猪群与其他生产的利用情况、饲料等物质供应程度、产品成本、产品销售、盈利和财务情况经常进行全面的系统的分析，检查生产计划完成情况，以及影响计划完成的各种有利条件和不利因素，对猪场的经济活动做出正确的评价，并在此基础上制定下一阶段保证完成和超额完成生产任务的措施。

由于猪场规模大小不同，生产性质不同，分析的目的和要求也不同，采取的方式方法也不一样。一般应分析的主要项目如下：

（1）完成生产计划，扩大再生产的分析　是检查猪群周转和年末存栏头数是否完成计划，以及各类猪群中不同年龄的比例，以求使各种猪群有合理的比例，保证再生产的需要。

（2）产品率的分析　通常是检查仔猪的成活数和猪只平均日增重与料肉比是否完成计划要求。

（3）饲料保证程度的分析　是检查饲料作物栽培面积及单位面积产量的完成情况，以及各类猪群饲料定额执行情况，对饲料是否合理利用、加工调制、储藏供应等也要加以分析研究。

（4）产品成本分析　是以产品单位产量所付出的饲养费用和管理费用来计算的，一般育肥猪采用增重成本来计算，而仔猪以活重

成本来计算。

此外，还有总的预算费用执行情况，财务情况，劳动生产率、猪群周转率、出栏率、商品率和猪舍利用率等内容的分析。

4. 降低养猪成本与提高养猪效益的途径

猪场的效益取决于生产水平、生产成本、产品质量、管理水平和销售价格等方面，每个环节都至关重要。要想使猪场处于不败之地，就要努力提高养猪生产水平，尽可能节约开支，降低成本，加强管理，提升产品质量，才能提高经济效益。

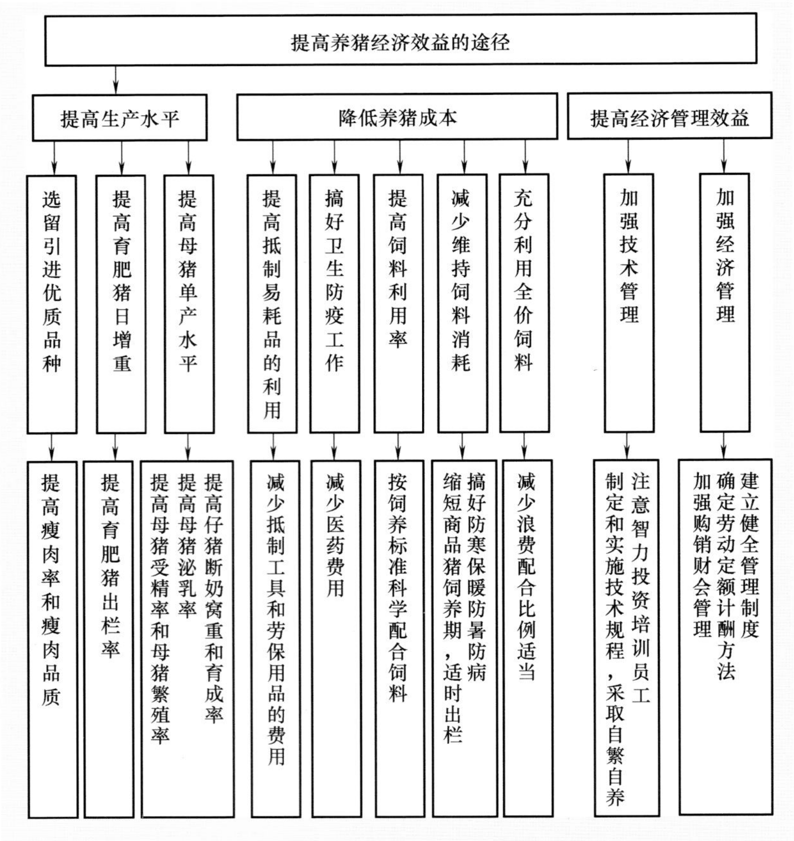

提高养猪经济效益的途径

- 提高生产水平
  - 选留引进优质品种 → 提高瘦肉率和瘦肉品质
  - 提高育肥猪日增重 → 提高育肥猪出栏率
  - 提高母猪单产水平 → 提高仔猪断奶窝重和育成率；提高母猪泌乳率；提高母猪受精率和母猪繁殖率
- 降低养猪成本
  - 提高抵制易耗品的利用 → 减少抵制工具和劳保用品的费用
  - 搞好卫生防疫工作 → 减少医药费用
  - 提高饲料利用率 → 按饲养标准科学配合饲料
  - 减少维持饲料消耗 → 搞好防寒保暖防暑防病；缩短商品猪饲养期，适时出栏
  - 充分利用全价饲料 → 减少浪费配合比例适当
- 提高经济管理效益
  - 加强技术管理 → 注意智力投资培训员工；制定和实施技术规程，采取自繁自养
  - 加强经济管理 → 建立健全管理制度；确定劳动定额计酬方法；加强购销财会管理

提高养猪效益途径示意图

六、猪场日常管理制度

在猪场经营管理工作中，为保证养猪生产有组织、有计划、有步骤地进行，必须加强技术管理，建立和健全合理的规章制度，并严格按照规章制度经常督促检查工作，以求切实做到计划生产，实现科学养猪，逐步使猪场生产达到先进水平。

1. 猪场工作日程

在猪场生产中，每天的工作必须有个时间程序表，饲养人员可按照程序表所设定的工作项目有条不紊地进行，从而提高工作效率。由于各猪场的具体生产条件不同，在制定工作日程时，需要考虑以下原则：

1）制定日程以符合猪的生物学特性为原则，而不应以养猪人员的工作或生活意愿出发。但应考虑场内工作人员的学习和休息。

2）应按不同季节的特点（主要是冬、夏季），拟定不同的工作内容及时间安排，制定以后不可轻易变动。

3）拟定日程时，必须将一天内要做的工作项目明确安排于时间表内，以便彻底执行。

4）制定日程时，要考虑本场的具体情况，根据各猪场的不同特点，分别拟定项目或予以照顾。

5）拟定工作日程，必须经过全体饲养员的认真讨论，对不切合实际的内容，应提出修改和完善，一经公布要严格遵照执行。

2. 技术操作规程

技术操作规程，包括猪群饲养管理、人工授精、饲料加工调制等操作规程，其内容要重点突出、简明扼要。在总结先进经验的基础上，结合场内具体条件来拟定，作为生产人员的工作守则和检查工作质量的依据之一。

为了使技术操作规程符合猪场生产实际，并为全场生产人员所掌握，在制定操作规程时，最好有领导、技术人员和操作人员共同研究讨论，修改完善。

3. 统计报表制度

各类猪场都应建立和健全统计报表制度，以便及时反映猪群动态和完成任务的情况。制定统计报表的原则，应力求简明扼要，便于记载，格式统一，计算单位一致。一般常用的报表有以下 9 种(表 8-13 ~ 表 8-21)。对于各项报表，均应予以编号，经常填写，不得间断或涂改，并应指定专人负责保管。

表 8-13　产仔报告表

猪场　　组　　年　月　日　№：

产仔窝数编号	出生日期	胎次	交配公猪		交配母猪		产仔										
								活胎						死胎			
			品种	编号	品种	编号	总头数	头数	公	母	最大体重/kg	最小体重/kg	平均体重/kg	头数	公	母	其他

验收人　　接生员

表 8-14　猪群变动报告表

猪场　对　组　年　月　日　№：

编号	品种	性别	年龄及群别	出售或拔出				购入或拔入				备注
				头数	体重/kg	原因	出售拨往何处	头数	体重/kg	原因	购或拨自何处	

组长　　填报人

表 8-15　配种报告表

猪场　　对　　组　　　　年　　月　　日　　№：

母猪耳号	品种	组别或群别	断乳时间	发情时间			第一次配种			第二次配种		第三次配种		
				开始	停止	公耳号	猪品种	时间	公耳号	猪品种	时间	公耳号	猪品种	时间

验收人　　　　　　饲养员

表 8-16　猪群称重报告表

猪场　　对　　组　　　　年　　月　　日　　№：

编号	品种	性别	年龄	组别或群别	头数	始重/kg	称重/kg	增重/kg	增重率（%）	记事

验收人　　　　　　饲养员

表 8-17　猪转群报告表

猪场　　对　　组　　　　年　　月　　日　　№：

编号	品种	性别	由何群转出	转至何群	转群猪			备注
					头数	体重/kg	等级	

组长　　　　　　填报人

表 8-18　死亡报告表

猪场　　对　　组　　　　年　　月　　日　　№：

编号	品种	性别	年龄	组别或群别	死亡猪				备注
					头数	体重/kg	时间	主要原因	

组长　　　　　　填报人

表 8-19 猪群变动月报告表

猪场　　　　　　　　　　　　　　　　年　　月　　日　　　№：

群别		月初头数	增加					减少						月末头数	备注
			出生	调入	购入	转入	合计	转出	调出	出售	淘汰	死亡	合计		
种公猪	基础公猪														
	检定公猪														
种母猪	基础母猪														
	检定母猪														
后备公猪															
后备母猪															
4 月龄以上肥猪															
3 ~4 月龄育成猪															
2 月龄以内仔猪															
总计															

队长　　　　　　　　　　填表人

表 8-20　猪场饲料消耗月报表

猪场　　　　　　　　　　　　年　　月　　日　　　№:

支付饲料的日期		头数	饲料消耗量/kg					
开始月日	停止月日		青饲料	粗饲料	多汁饲料	精饲料	矿物质饲料	备注

队长　　　　　　饲料保管员　　　　　　组长　　　　　　饲养员

表 8-21　猪群防疫卫生月报表

猪场　　　　　　　　　　　　年　　月　　日　　　№:

类别	疾病									预防接种			检疫					
	疾病名称						发病总头数	本月在群总数	发病总头数	接种类型	接种总头数	占在群总头数(%)	检疫类别	检疫总头数	占在群总头数(%)	检疫结果		
	猪瘟		病		病													
	头数	月末未愈	头数	月末未愈	头数	月末未愈										可疑	阳性	阴性

队长　　　　　　兽医　　　　　　饲养员

此外，有的猪场饲养员习惯每天填写值班日记，其内容包括猪舍温度、湿度、猪群饲养、配种、产仔情况以及疫病防治等，这对检查工作和总结生产经验有很大好处，值得推广。

4. 卫生防疫制度

建立卫生防疫制度与建立健康猪群有着密切的关系。一个猪场，只有在保证猪群健康的情况下，才能充分发挥生产潜力，有利于猪群的发展。搞好卫生防疫工作，必须坚持“预防为主”的方针，制定出切实可行的预防措施，做好防疫工作。

（1）加强经常性的卫生消毒工作　首先，应改善猪群的饲养管理，搞好经常性的清洁卫生和消毒工作。猪场大门口、猪舍门口均应设消毒池或消毒道，出入人员、车辆等都必须进行消毒。

猪场环境及猪舍要保持清洁卫生，应经常清扫和定期进行消毒。

（2）坚持自繁自养，严格引种检疫制度　猪场应坚持自繁自养的原则，绝不从疫区购猪，必须引入少数种猪时，至少要经一个月以上的隔离观察，并经严格检查确认无病后方能合群。

为防止传染病的发生，养猪场尽量实行自繁自养，即通过自家场的母猪的后代留种和育肥。

（3）定期预防注射　猪场应针对本地疫情发生情况，制定一个适合自己猪场的合理的免疫程序，并严格执行。注射时，应做好登

记，以便查询。

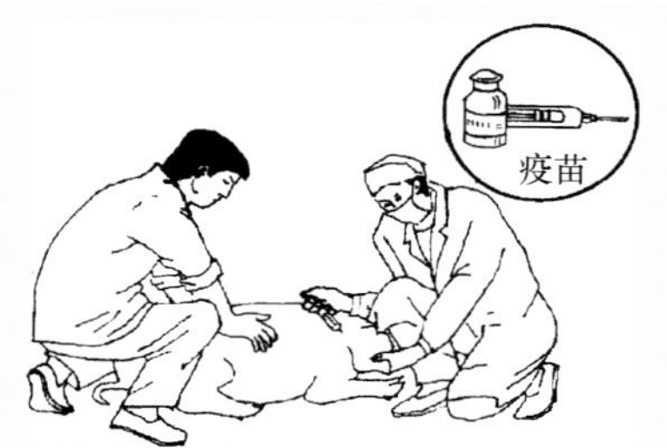

猪场应按照制定的驱虫程序定期或不定期地进行驱虫。驱虫后应及时清洁猪舍和搞好消毒工作。

（4）定期驱虫 每年春、秋两季或定期对全场猪群进行驱虫，随后全场进行清洁消毒，同时，要搞好日常的粪便管理，防止体内外寄生虫的传播危害。

猪场应严格按照免疫程序进行预防注射。出售的仔猪要进行预防注射后方可出场。

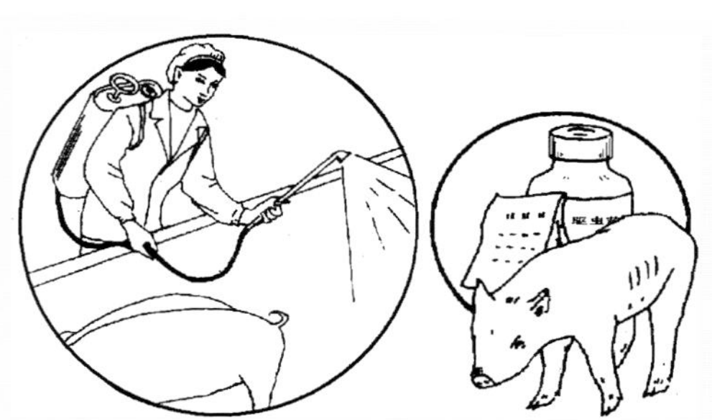

（5）坚持健康检查制度 猪场专业兽医人员要经常对猪群进行健康检查，饲养人员每天都要注意观察猪群的变化，发现问题及时采取措施。

在日常的饲养管理中，饲养管理人员应密切注意观察并记录猪群的精神、食欲、运动和粪尿等状况，如发现有不正常者，及时报告兽医，以便及时进行诊治。

（6）做好传染病的隔离消毒工作 当猪场发生传染病或疑似传染病时，应立即予以隔离，迅速确诊。采取封锁、隔离、消毒等紧急措施和防治、扑灭、无害化处理尸体等办法，做到及时控制流行病的发生。并且不能到疫区引进种猪和进行生猪买卖交易等活动。

七、猪的编号与系谱编制

在种猪场除做好其他日常工作外，还应该认真做好猪的编号和系谱编制工作，因为这是育种工作的一项重要日常工作。

猪的编号是为了准确识别猪的个体，是生产记录和育种工作的基础性工作。猪的编号通常有两种方法，即耳标标记法和耳号标记法。

1. 耳标标记法

通常是从生产厂家购买的塑料或合成塑料耳标，用特制的化学试剂写号，再用特制的耳标钳将耳标镶嵌在猪的耳朵上，这种方法操作简单，识别容易，但成本较高。

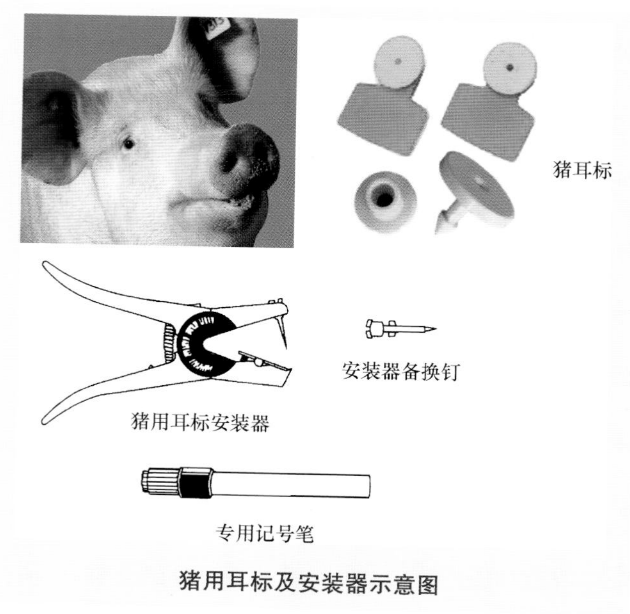

猪用耳标及安装器示意图

2. 耳号标记法

采用耳号钳在猪的耳朵打洞或缺口表示编号，这种方法操作简便，成本低，有经验的人才可识别。

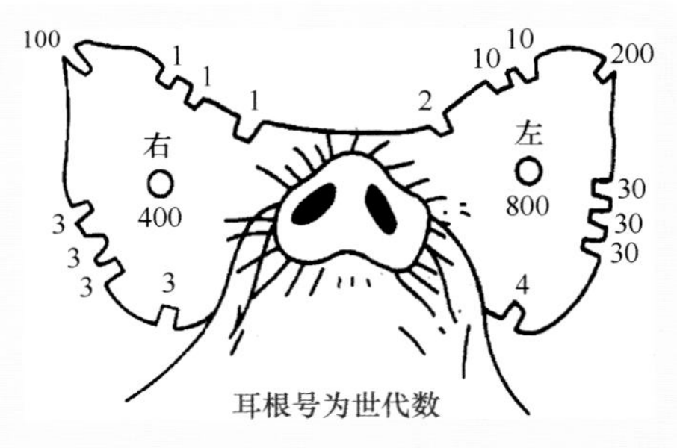

耳号标记比较通用的剪耳方法为："左大右小，上一下三"，左耳尖缺口为200，右耳为100；左耳小圆洞800，右耳400。每头猪实际耳号就是所有缺口代表数字之和。

小猪剪耳号方法示意图

3. 系谱编制

系谱是一头种畜的父母及其各祖先的编号、名字、生产成绩、育种值、发育情况、外貌评分以及有无遗传疾病，外貌缺陷等的记录文件。这些资料都来自日常原始记录，一般需要记载3～5代。系谱一般有以下几种形式。

(1) 竖式系谱 是指种猪的名字在上端，下面是父母代（祖Ⅰ代)，再向下是父母的父母（祖Ⅱ代)。每一祖先的公猪记在右侧，母猪记在左侧。系谱正中画一垂线，右半为父方，左半为母方。系谱中如有共同祖先应标记特别记号（表8-22)。

表8-22 种猪竖式系谱格式示意表

第一代	母				父			
第二代	外祖母		外祖父		祖母		祖父	
第三代	外祖母的母亲	外祖母的父亲	外祖父的母亲	外祖父的父亲	祖母的母亲	祖母的父亲	祖父的母亲	祖父的父亲

(2) 横式系谱 是指种猪的名字记在系谱的左边，按后代祖先顺序向右记载，公猪记在上方，母猪记在下方。系谱正中可画一横虚线，上半为父方，下半为母方。

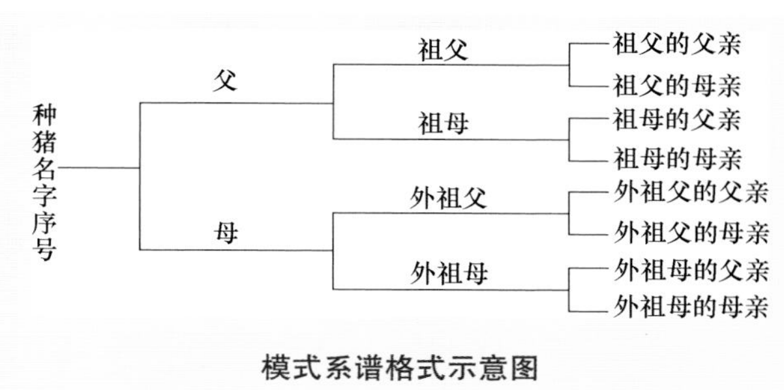

模式系谱格式示意图

（3）结构式系谱 这种系谱不登记生产性能及其他材料，仅登记名字和畜号。只分析种猪系谱中的亲缘关系时，可制定结构式系谱。编制的原则是后代写在左方，祖先写在右方。每一个体与子女用一通经线相连。同一头种猪不管它在系谱中出现几次，在这里仅占一个位置。它不遵循公猪在右，母猪在左的原则，而是系谱中一方块代表公猪，圆圈代表母猪，并注意各条线尽量不相交，因此，应将出现更多的共同祖先放在中间位置。

（4）猪群的系谱 是指将每个个体按照规定的方式整齐地排列和联系成的图谱。猪群系谱是一种群体系谱，它可以帮助我们查明猪群种各个体间的亲缘关系，猪群近况以及各家系的延续和发展情况。

具体编制方法为三步：

第一步，编制母系祖先清单。根据猪群所有种猪卡片，按其出生年月日先后顺序排列。在种猪卡片中查清各自的父母及母系的各代祖先，编制成各个体母系祖先清单（表8-23）。

表8-23 祖先清样表

种猪号	父	母	母父	母母	母母父	…

第二步，绘制草图。根据祖先清单，首先在公猪（父、母父、母母父等）各行中查出留有后代的公猪号，按其使用先后在绘图纸

的左边由下而上以此排列，然后从每头公猪向右画一横线。再以清单每行的最后一项中查出最远的母性祖先，排列在图样的最下边，并向上引出直线和横线相交。若与某公猪交配生出后代时，就将后代的猪号写在交叉处，并用方块和圆圈表示性别，（□表示公猪，○表示母猪）。该后代又生子女时，则从该后代起向上引出直线，在和与交配公猪的横线相交处写上他们子女的猪号，以此类推。

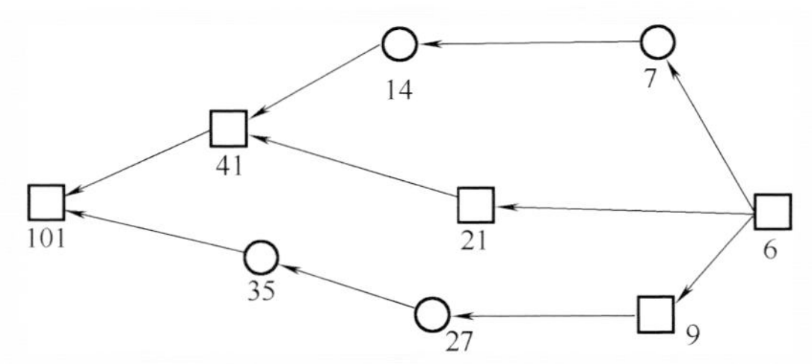

某猪场 101 号公猪结构式系谱示意图

第三步，绘制正图。根据草图和草图未画上的关系（如其中有同胞关系或其他关系），对草图的边线进行调整。使零乱的草图变为精确、清晰、美观的猪群系谱是一项细致的工作，须经过多次反复的查对，妥善安排每一个体。一个个体在正图中只能出现一次。对公猪没有严格限制，一般由外地引入的可以放在左边或两边，本场留作繁育种用的可以从它所在的位置向上引一条线，以圆角转成横线，横线上排列其子女。后代多的或发生近交的公猪可以 1 头占两条横线，后代少的公猪则可以 2 头占一条横线，但不相连。凡来源不清的后代，可以画在无号的横线上或空隙处。

附录　常见计量单位名称与符号对照表

量的名称	单位名称	单位符号
长度	千米	km
	米	m
	厘米	cm
	毫米	mm
面积	平方千米（平方公里）	km^2
	平方米	m^2
体积	立方米	m^3
	升	L
	毫升	mL
质量	吨	t
	千克（公斤）	kg
	克	g
	毫克	mg
物质的量	摩尔	mol
时间	小时	h
	分	min
	秒	s
温度	摄氏度	℃
平面角	度	(°)
能量，热量	兆焦	MJ
	千焦	kJ
	焦［耳］	J
功率	瓦［特］	W
	千瓦［特］	kW
电压	伏［特］	V
压力，压强	帕［斯卡］	Pa
电流	安［培］	A

参考文献

[1] 周元军，等. 高效养猪你问我答 [M]. 北京：机械工业出版社，2015.
[2] 于桂阳，等. 养猪与猪病防治 [M]. 北京：中国农业大学出版社，2011.
[3] 周元军. 轻轻松松学养猪 [M]. 北京：中国农业出版社，2010.
[4] 王爱国. 现代实用养猪技术 [M]. 北京：中国农业出版社，2009.
[5] 杨子森，等. 现代养猪大全 [M]. 北京：中国农业出版社，2008.
[6] 李同洲. 科学养猪 [M]. 北京：中国农业大学出版社，2000.
[7] 蔡宝祥，等. 家畜传染病学 [M]. 4版. 北京：中国农业出版社，2001.
[8] 黄瑞华，等. 生猪无公害饲养综合技术 [M]. 北京：中国农业出版社，2003.
[9] 赵书广，等. 中国养猪大成 [M]. 北京：中国农业出版社，2003.
[10] 白玉坤，等. 肉猪高效饲养与疫病监控 [M]. 北京：中国农业大学出版社，2003.
[11] 苏振环. 现代养猪实用百科全书 [M]. 北京：中国农业出版社，2004.
[12] 杨公社. 绿色养猪新技术 [M]. 北京：中国农业出版社，2004.
[13] 段诚中，等. 规模化养猪新技术 [M]. 北京：中国农业出版社，2000.
[14] 李德发，等. 猪的营养 [M]. 北京：中国农业大学出版社，2000.
[15] 李震中. 畜牧场生产与畜舍设计 [M]. 北京：中国农业出版社，2000.
[16] 刘海良，等. 养猪生产 [M]. 成都：四川科学技术出版社，1998.
[17] 陈清明，等. 现代养猪生产 [M]. 北京：中国农业大学出版社，1997.

书号：978-7-111-49261-0
定价：59.8 元

书号：978-7-111-50355-2
定价：26.8 元

书号：978-7-111-45113-6
定价：25 元

书号：978-7-111-46550-8
定价：25 元

书号：978-7-111-46230-9
定价：25 元

书号：978-7-111-52000-9
定价：19.8 元

书号：978-7-111-45463-2
定价：26.8 元

书号：978-7-111-46787-8
定价：19.9 元

书号：978-7-111-44264-6
定价：25 元